Google AdSense 專家

YouTuber、部落客都適用，
60招獲利祕技大公開！

教你靠
廣告點擊率
輕鬆賺

石田健介・河井大志／著

陳幼雯／譯

U0076471

　　於下方連結處，可下載會被判定為成人內容的關鍵字統整清單。由於該清單為筆者個人整理，並非由Google官方所提供，因此並不能保證只要遵守此清單，就能百分之百不違背Google的政策。

http://www.smartaleck.co.jp/adsense-keyword/

　　輸入下列密碼後即可下載。另，日本以外的用戶可能會無法登入，敬請見諒。

密碼：AdSense2018

翻閱前必讀

　　本書為曾任職於Google日本法人AdSense團隊的筆者，根據當時的經驗、知識寫作而成，和Google的官方見解可能會有相異之處。
　　本書內容中的資訊，是以執筆當時的情報為基準。因此有無預警變動的可能。又，基於每個人的作業環境不同，有些指令可能會無法完全按照書中的步驟操作，這點還請注意。

※本文中出現的公司、產品等名稱之商標歸各製造商所有。本書在提及時，會省略©、®、TM等商標符號。

各位讀者好，我是Monetize Partner株式會社的石田健介。

我在Google工作大約八年後，於2015年一月自立門戶，現在則針對網站與APP經營者提供改善廣告收益的諮商服務。2010到2015年大約五年期間，我在Google負責AdSense業務，基本上都在協助大型網站提升AdSense的收益。

也因此我經手了數百個日本的優質網站，接觸到許多AdSense的成功人士。我在Google的時候就一直覺得，AdSense成功者與失敗者之間的一項差異，就在於心態的不同。

撰寫本書時，我秉持的信念是「希望讀者對AdSense有正確的認識」、「希望能提供透過AdSense獲利的方法」。在本書中，我會竭盡所能分享在我經手AdSense業務時所了解的「成功者心態」，以及AdSense的「黑盒子」。

在「以Google AdSense為獲利管道」的這個領域中，充斥了許多「只要你○○，帳戶就會被關閉」、「只要你○○就能提升單次點擊出價」等無憑無據的揣測。

因此本書希望各位讀者能夠知道Google AdSense的「正確答案」是什麼，在經營自己的大眾媒體並與AdSense合作時能夠更有信心。本書除了Google AdSense的知識，也希望透過AdSense發布商與聯盟行銷商的實例，向各位介紹「提升收益的具體方法」。

誠心希望本書對於經營大眾媒體的發布商、部落客、聯盟行銷商有所幫助。

石　田　健　介

目　次

Chapter-1

掌握AdSense的基本

Chapter-2

頂尖聯盟行銷商與
曾任職AdSense之專家傳授的吸金法

Chapter-3

打開AdSense的黑盒子，讓收益蒸蒸日上

Chapter-4

了解廣告商的想法並應用在AdSense上

Chapter - 1

掌握AdSense的基本

在思考怎麼提升AdSense收益之前,發布商首先要徹底
理解AdSense的運作方式。了解我們發布商需要具備什
麼樣的條件、要設計出什麼樣的網站,以及該如何運用
AdSense。

01 Google的基本想法

發布商如果希望能提升AdSense的收益，就必須要先理解Google提供AdSense的服務時是如何定位AdSense的，如此一來才能透過AdSense長期而穩定地獲利。相反的，如果無法理解AdSense的定位而一廂情願地使用AdSense，最壞的情況可能就會招致帳戶被關閉。

Point

● Google最看重的是用戶。
● 發布商要架設有益於用戶與廣告商的網站。
● 只在乎自己的AdSense收益是行不通的。

✔ Google看重的是什麼？

AdSense的世界裡有四個登場角色。

● Google AdSense的基本架構

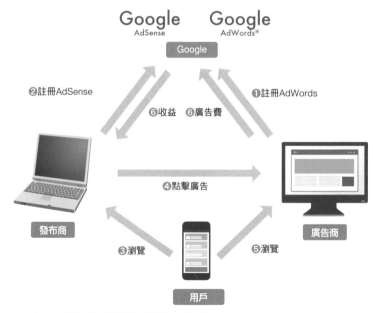

※Google AdWords已於2018年7月24日起正式更名為Google Ads，
　原本的網址 adwords.google.com.tw 也已改為 ads.google.com.tw。

● **Google的「十大信條」**

① 只要鎖定使用者，一切自會水到渠成

② 專心將一件事做到盡善盡美

③ 越快越好

④ 民主在網路上扮演著重要的角色

⑤ 資訊需求無所不在

⑥ 賺錢不必為惡

⑦ 資訊無涯

⑧ 資訊需求無國界

⑨ 不穿西裝也能認真工作

⑩ 精益求精

https://www.google.com/intl/ja/about/philosophy.html

　　在這之中，Google最看重的是什麼呢？雖然我很想說是發布商，但是並非如此。正如知名的「Google十大信條」中第一條「❶只要鎖定使用者，一切自會水到渠成」所言，**Google最看重的是用戶**。

　　Google是在1998年公司成立幾年後擬定了「十大信條」。如今是十年後的2018年，但是Google隨時都會檢核這個清單，確認信條與事實是否相符。這些信條不單單是套用在Google搜尋、Gmail等免費提供給用戶的項目，也包括AdSense、AdWords等牽涉金錢交易、同時提供給法人與個人的商品。

✅ Google認定的優先順序

　　Google又是怎麼排定這四個登場角色的優先順序呢？

　　答案是❶ **用戶**、❷ **廣告商**、❸ **發布商**、❹Google。要理解這個順序就必須先想想AdSense的金流。

　　會在網頁上刊登AdSense的**發布商，都會從Google收錢**，這些錢又是廣告商支付給Google的。

　　而廣告商的錢又是哪裡來的呢？就是**點擊廣告的用戶**。用戶點擊廣告、開啟連結、在廣告頁面中購買商品或申請服務的時候，會支付費用給廣告商。

　　發布商的眼中往往都只有「自己」和「匯款給自己的Google」，但是**經**

營網站絕不能忘了「用戶」與「廣告商」，這是透過AdSense長期穩定獲利非常重要的關鍵。

● 用戶為第一優先

Google認定的優先順序（AdSense的生態系）	
❶用戶	・正如「十大信條」中所言，用戶是最重要的。
❷廣告商	・支付廣告費，也就是發布商的收益源。 ・提供用戶優質的商品與服務。
❸發布商	・提供用戶有意義的網站內容。 ・提供廣告商有意義的廣告放送點。
❹Google	・維護並壯大生態系，提供用戶更便捷的網路環境。 ・提供廣告商與發布商平台（AdSense、AdWords）。

✅ 透過AdSense獲利應有的心態

我過去見過許多成功的發布商，也見過許多無法透過AdSense順利提升收益的發布商。兩者之間有一個差別，就是看待AdSense的心態。

我所指的就是**發布商眼中不能只有「發布商自己」以及「Google」，關鍵在於發布商是否也在乎「用戶」和「廣告商」**。

本書會詳細解說提升「單次點擊出價（CPC）」以及「點擊率」（CTR）的技術，但是在此之前你要先具備「站在廣告商的立場思考」、「站在用戶的立場思考」等成功者應有的態度，才能去想如何提升AdSense的收益。

✅ 在使用AdSense前應該思考的事

這樣一想，如果在經營網站或部落格時希望透過Google AdSense獲利，建議可以依照以下的順序思考如何經營網站。

❶ 思考自己擅長的領域

- ●你有沒有比別人更具優勢的領域
- ●你現在從事的工作能不能派上用場
- ●過去工作上的已知技巧能不能派上用場
- ●你的興趣是什麼

❷ 提供對用戶有利的資訊

- ●架設自己擅長領域的網站
- ●提供用戶可能想知道的資訊
- ●策劃網站時，想像自己是在編專門雜誌

❸ 讓更多人看見，貢獻社會

- ●思考吸引訪客的方法
- ●下功夫讓造訪網站的用戶瀏覽更多頁面
- ●增加更多讓人想再次來訪的頁面

❹ 思考如何獲利

- ●想辦法放送出讓人想點擊的廣告
- ●想辦法提升點擊率
- ●嘗試AdSense的新功能

如上所述，你在架設自己的網站時，必須思考要**如何把自己的技能與知識提供給更多的用戶，對用戶有所貢獻**。

1️⃣ 認識四個登場角色。

2️⃣ 四個角色的優先順序是：

　　❶用戶❷ 廣告商❸ 發布商❹Google

3️⃣ 關注用戶與廣告商。

Check!

Google重視廣告商

在 內行人絕招01 中已經介紹了AdSense世界的登場角色和優先順序,這一節會再詳細說明「廣告商」這個角色。對發布商來說,廣告商是他們的收益來源,也是會支付廣告費給他們的重要對象,要怎麼看待廣告商才能提升AdSense收益呢?

Point

● 廣告商的廣告費是AdSense的收益。

● 重要的是廣告商能否獲得利益。

● 嚴禁欺騙用戶的誘導點擊。

✅ 思考如何讓廣告商的利益最大化

很抱歉一開始就要講讓各位失望的話,**Google公司全體的目標並不是發布商收益的最大化**。

如同 內行人絕招01 中所說,**付給發布商的錢是來自廣告商所支付的廣告費**。以「AdSense內容廣告※」為例,32%會是Google的收益,剩下的68%會支付給發布商。如果廣告商付了100萬,32萬是Google的收益,68萬是發布商的收益。因此**發布商的收益提升,Google的收益自然也會提升**。

※ AdSense內容廣告:指的是一般的AdSense廣告,也就是刊登在網站頁面中獲利的廣告。顯示的廣告是與用戶尋找的內容有高度關聯,或者依據用戶的瀏覽紀錄選出的廣告。除了AdSense內容廣告之外,還有用戶在搜尋網站時,搜尋結果頁上顯示的「AdSense搜尋廣告」。

聽到這裡,你可能會覺得「只要發布商賺進大把鈔票,Google就能發財,那麼Google不是應該把發布商放在第一順位嗎!」

不過一旦你產生這種膚淺的想法,發布商和Google到頭來反而就無法獲利了,這又是為什麼?

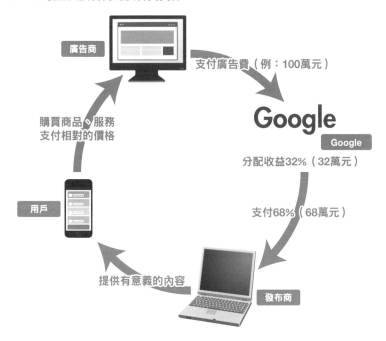

● AdSense收益由廣告商的廣告費支付

支付廣告費（例：100萬元）

Google

Google

分配收益32%（32萬元）

支付68%（68萬元）

廣告商

購買商品、服務
支付相對的價格

用戶

提供有意義的內容

發布商

✓ 不要做出對廣告商不利的行為

　　Google大約90%營業額都是來自廣告收益（2017年7月～9月期報表中，廣告收入占營業額的88%），Google公司全體都在思考「要怎樣才能讓廣告商長期支付廣告費」、「要怎麼讓他們支付比前一年更多的Google廣告費」。

　　而要實現這些目標，**第一重要的，就是提供對廣告商而言性價比最高的廣告放送媒體**，並且排除阻撓這個目標的障礙物，因為**在用戶點擊廣告時，透過AdWords委登廣告的廣告商就必須支付廣告費了**。AdSense不同於使用A8.net或afb這種聯盟行銷平台（ASP）的聯盟行銷，不是在用戶購買商品時才計費，AdSense在用戶點擊廣告的時候就會計費，**點擊的品質**也就更為重要。

　　因此，**Google的網絡內並不歡迎任何會對廣告商採取不利行為或宣傳法（增加誤擊這類的方法）之發布商。**

無益於廣告商營業額的例子

舉例而言,用以下這個方式刊登AdSense的效果如何呢?

AdSense廣告

確實可能會有很多用戶點擊這篇廣告,但是廣告商的商品應該會賣不出去吧?因為用戶只是「覺得這篇文章讚才點擊」,**並不是因看了廣告「喜歡這項商品」而點擊的。**

接下來,這種刊登方式又如何呢?

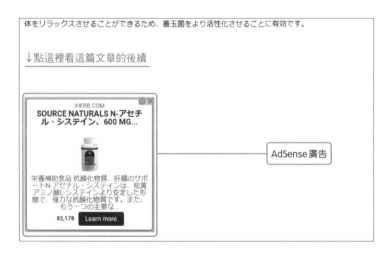
AdSense廣告

在這個例子中,用戶本來是想看文章的後續而點擊廣告,結果頁面卻跳到了自己沒興趣的商品販售頁。這種情況無論是對廣告商或對用戶都沒有任

何幫助。

以上介紹的兩個範例，都是不考慮廣告商的自私行為。而這樣的行為，也是Google政策中明文禁止的。

重視廣告商的有趣實例

這邊來談談我在Google任職時遇到的一件事。

> 有一個某公司所經營的學習網站，網站客群是小學生，上面會公開學習講義等各式各樣的內容，而且相當豐富，甚至能在小學的課堂上使用。
>
> 這個網站上也刊登了AdSense廣告，但是某天他們的帳戶卻被關閉了。
>
> 關閉的理由在於無效點擊。
>
> 因為網站內容適合小學生，所以大部分的用戶都是小學生，AdSense的廣告就刊登在這樣的網站上。小學生可能無法區別網頁內容和廣告，於是誤點了網站內顯示的廣告，當然他們應該不是出於什麼惡意才這樣做。
>
> 這些點擊當然不會轉換（conversion，廣告商期待的結果），最後Google認定這些點擊大部分屬於無效點擊，在這個網站繼續刊登廣告對廣告商也沒有意義，於是關閉了該公司的AdSense帳戶。

不管網站的內容有多豐富，只要對廣告商來說，點擊品質太低又沒有效益，就會被停止使用AdSense。相信各位也能從這個例子明白Google的標準是什麼了。

1 理解AdSense收益的來源。

2 不要做讓廣告商厭惡的事。

3 不管網站內容有多優質，點擊品質低的網站都會被排除在Google的網絡之外。

Check!

了解政策，
避免廣告被停止放送

希望各位在思考如何提升AdSense收益的時候，焦點放在「如何長期獲得收益」、「注意總金額」，不要短視近利。先看過AdSense的政策，理解什麼是能做、不能做的事，才能持續、穩定、長期地獲利。

Point

- 對廣告商來說，這些政策是天經地義的。
- 只要你無心作惡就不必害怕！
- 至少要看過一次AdSense的政策。

✅ 重新整理政策的基本概念

可能有些人會說「我根本沒看過服務條款」，不過AdSense管理頁面的下方就有服務條款的連結，或者以「AdSense 服務條款」搜尋也能看到。服務條款就是使用AdSense的基本規範，同意服務條款就代表發布商同意遵守「AdSense計畫政策（以下簡稱「政策」）」。

● AdSense計畫政策

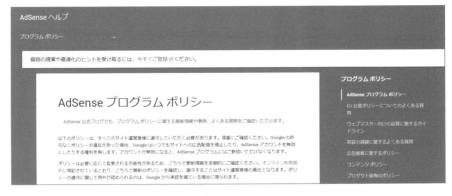

https://support.google.com/adsense/answer/48182

政策往往會被眾人視為洪水猛獸，不過就是由於AdSense的規定相當嚴格，因此才能成為世界第一的網站獲利管道。

發布商覺得「很嚴苛」的規定，對廣告商來說，大多都是極其理所當然

的。

　　舉例而言，廣告商相當介意**自家廣告會不會在傷及公司品牌的網站上放送**，如果自家商品的廣告出現在成人網頁中，瀏覽這些網頁的用戶可能會誤以為這家企業在成人網站上刊登廣告，導致品牌形象大打折扣。

　　所以政策的執行標準是**「AdSense廣告是否只刊登在適合闔家觀賞的頁面上（family safe）」**，**藉此保護廣告商**。

✅ 與政策為友

　　政策不是用來折磨發布商的。有些人可能吃了政策許多苦頭，有些人的網站AdSense廣告放送可能被停止過一段時間，但是我們不必仇視政策，而是要試著換個角度思考，**把政策當作朋友**。

　　AdSense政策是用來保障用戶和廣告商之利益的，所以遵守政策代表**你的網站能夠受到用戶和廣告商的喜愛**。AdSense政策執行時會採用全世界最嚴苛的標準，符合AdSense的政策，就代表你的網站放諸全世界都通行無阻。

　　而且對於廣告商來說，這些政策的內容全都天經地義，多年來也有成千上萬的發布商順利透過AdSense獲得收益，所以也不需要杞人憂天地擔心「我的帳戶被關閉了怎麼辦」，在經營網站的時候，只需要有**「提供用戶好的網站內容，就能有AdSense收益」**這樣的心態就好。

　　此外，關於「容易誤犯的違規」，可以細讀 內行人絕招50 與 內行人絕招51 並牢記在心。

---

1. 理解政策是為了什麼而存在？
2. 留意「適合闔家觀賞」這條標準。
3. 與政策為友，讓廣告商喜歡自己的網站。

Check!

警告和逕行關閉帳戶的原因差異

發布商最不待見的就是AdSense帳戶被關閉，到底是會無聲無息被關閉，還是會事前收到警告呢？這一節將會說明什麼情況只會被處以警告，什麼情況會被逕行關閉帳戶。

Point

- 收到警告就要立刻處理。
- 兒童色情是最嚴重的一種違規情況。
- 絕對不能自行點擊廣告。

✅ 什麼樣的網站會收到警告？

違規的網站會收到Google的警告信，在管理畫面內的政策中心也會顯示訊息，訊息中會寫明網站內的哪個連結有什麼樣的違規情況。

「一百頁之中只有一頁是成人內容，這一頁有刊登AdSense」的這種情況還可望改善，所以❶如果能於收到警告後的三個營業日內解決→❷政策團隊確認之後→❸認定沒有問題，廣告就會繼續放送。順帶一提，警告期間也會持續放送廣告。

● 警告信

お客様

お客様のアカウントを確認しましたところ、Google のプログラム ポリシー（https://www.google.com/support/adsense/bin/answer.py?answer=48182&stc=aspe-1pp-ja）に準拠しない方法で Google 広告が表示されています。

ページ例 ██

██

この URL は一例にすぎず、このウェブサイトの他のページやお客様のネットワークの他のサイトにも同じ違反がある場合がありますのでご注意ください。

見つかった違反:

アダルト/テキストによる描写: Google のプログラム ポリシーに記載されているとおり、AdSense のお客様がアダルトまたは成人向けコンテンツを含むページに Google 広告を掲載することは許可しておりません。これには、テキストでの性描写も含まれます。このポリシーの詳細については、ヘルプセンターの次の URL をご覧ください。
https://www.google.com/adsense/support/bin/answer.py?hl=ja&answer=105957

✅ 帳戶被關閉之後……

若被Google認定幾乎所有的頁面都違規，或者有相當高的比例違規且難以修改，那麼Google就會**逕行關閉帳戶**。除此之外，如果違規情況太過嚴重，站在保障廣告商利益的立場，發布商的帳戶也會被逕行關閉。

帳戶關閉之後，Google也不會支付過去的AdSense收益，這筆錢會退回給廣告商。

✅ 逕行關閉帳戶的原因

1 兒童色情

需要特別注意的是，可能會被判定為兒童色情的內容並**不只限於真人照片**。某些案例中的插圖、模型、圖示在被判定為兒童色情後，帳戶就被關閉了。

而且由於日本人比歐美人看起來更年輕，不管模特兒的實際年齡如何，**Google也只會依照「看起來像不像兒童色情」這一點來判斷**，因此就算模特兒已成年也不能掉以輕心。

即便是一些配有專門負責人、某種程度上受到禮遇的大規模網站，一旦出現兒童色情相關的疑慮，Google向來也都是採取零容忍的態度。

2 無效點擊

在剛開始使用AdSense時瀏覽量（page view）會比較少，若誤擊數量多的話，誤擊的比例相形之下就會顯得很高，所以需要特別注意。常見的例子就是發布商在嵌入AdSense之後想知道放送的是什麼樣的廣告，於是自行點擊廣告確認。

無論有什麼理由，都不能自行點擊廣告，自我點擊是違規的，這在服務條款中也寫得一清二楚。避免自我點擊的詳細方法可以參見 **內行人絕招06** 。

---

1 在警告階段就可以解決的話還可以放心。

2 明顯與政策牴觸的網站就採用其他獲利管道。

3 即便是為了查看放送的是什麼廣告，也不能自我點擊。

Check!

05 帳戶關閉是永久的嗎？

有不少發布商的AdSense帳戶都被關閉了，可惜的是，一旦開始進入帳戶關閉的程序，基本上就再也無法重新啟用。若想要避免這種情況，在使用AdSense時就該為用戶和廣告商設想。

Point

- Google為了保護廣告商，有時會採取對發布商比較嚴厲的處置。
- 就算偽裝成第三人也幾乎不可能捲土重來。
- 最好盡早解決問題。

✓ 可以重新啟用被關閉的帳戶？

　　帳戶一旦被關閉，基本上就無法再使用 AdSense。這個發布商未來確實可能架設其他網站、提供有用的資訊，但是把這微乎其微的可能性與廣告商承擔的風險放在天平兩端衡量時，對Google來說，自然會優先選擇保護廣告商。

　　網站違規時，Google大致會根據下列步驟對AdSense帳戶進行懲處。

❶ **警告：** 收到警告的期間依然會繼續放送廣告。

❷ **停止廣告放送：** Google判定發布商沒有在期限內針對上述警告採取適當的措施後，就會停止放送廣告。不過帳戶還沒有被關閉，所以只要針對警告的內容改善，於Google確認之後便會重新放送廣告。如果是重大的違規情況，有時甚至會不經事先警告便逕行停止廣告放送。

❸ **帳戶停權：** 如果再三違規或違規情形嚴重，帳戶可能會被暫時停權。停權之後就不會再顯示廣告，也會暫緩付款。不過帳戶還是可以使用的，停權期結束之後就會重新放送廣告。

❹ **關閉帳戶：** Google判定發布商已多次收到相同的警告、且沒有改善的可能時，就會關閉這個帳戶（無效化）。此外，如果是相當重大的違規情況，也可能不經警告、停止放送廣告、帳戶停權便逕行關閉帳戶。

如上所述，在**關閉帳戶之前有一段緩衝期**，因此「收到多次警告後帳戶被關閉了」、「帳戶被逕行關閉了」的情況，幾乎都是重大違規的案例，代表Google認定他們「**對於用戶與廣告商無益，不適合成為Google的夥伴**」、「**往後也不必再保持合作關係**」。

Google也是營利企業，自然會想廣招夥伴、增加廣告的放送點。關閉帳戶就代表他們失去了一個放送媒介，Google自然也不樂見這種事的發生。儘管如此，Google還是會關閉發布商的帳戶，通常這也就代表發布商做了讓Google必須痛下殺手的行為。

✅ 只要換一個電子郵件就能重新註冊？

即便更改電子信箱、匯款方式、網站資訊等所有資料，也**不代表可以重新使用AdSense**。

如果你換掉所有資訊、再次重新註冊，確實有可能建立新帳戶、繼續使用AdSense，但這不代表Google允許你重新使用，你只是偶然鑽到這個系統的漏洞而已。你不知道Google什麼時候會發現你和舊帳戶之間的關係，就算被發現後導致新帳戶被關閉，你也無法申訴抗議。

Google會從地點、位址相同、網站資訊類似、伺服器資訊等各種條件，以電腦和人工的方式檢查重複的帳戶。所以建議各位還是要有「在AdSense的世界中基本上無旁門左道可走」的概念。

Google會對帳戶被關閉的人進行相當嚴格的把關，這樣做也是為了避免造成廣告商的利益受到傷害。因此發布商最好遵守政策經營網站，不幸收到警告的時候也要妥善應對，避免帳戶被關閉。

1 帳戶一旦被關閉就再也不能啟用。
2 在收到警告的階段就要加以改善，避免帳戶被關閉。
3 帳戶被關閉的話，就改用其他獲利管道。

Check!

25

06 不要自我點擊

自我點擊是造成帳戶關閉的最大宗原因之一，不過正如服務條款和政策中所寫，不管理由為何，都禁止自行或委託他人點擊自己網站上的廣告。沒有人可以透過自我點擊獲利，千萬不要違規。

Point

● 自我點擊對廣告商來說完全沒有討論的餘地。

● 絕對沒有人能以不當的手法獲利。

● 自我點擊可能會導致帳戶遭關閉。

✓ AdSense計算酬勞的方式

對發布商來說，AdSense和績效制聯盟行銷最大的差異，就在於**只要用戶點擊廣告，AdSense便會列入收益計算**。AdWords[※]廣告商基本上都是選用CPC計費（用戶點擊廣告時就要列入廣告費計算的計費方式）委託刊登廣告，這也代表**對廣告商來說，在廣告被點擊的時候就要算廣告費**。

因此**AdWords的廣告商會相當重視點擊的品質，畢竟劣質的點擊（自我點擊或誤擊等無益於績效的點擊）越多，性價比就會越不理想**。

※用AdWords委託刊登的廣告會顯示在AdSense的網站上。

● 廣告商需要支付廣告費的時間點

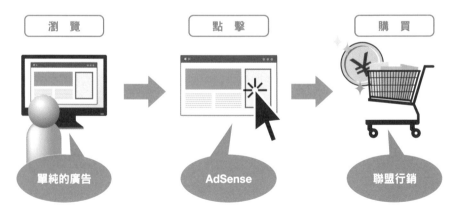

　　因此對廣告商而言，**自我點擊根本沒有討論空間**。透過自我點擊獲得收益就等於是「我想不勞而獲」、「我只要自己好就好」，這是相當傲慢的想法。如果因此讓帳戶被關閉也是理所當然的。

　　順帶一提，要確認自己的網站上顯示的是什麼廣告，可以使用Google在Chrome瀏覽器上提供的便利工具「Google Publisher Toolbar」，若想確認廣告內容，就用這個應用程式吧。

● Google Publisher Toolbar

✅ 借助代點服務的力量也是枉然

　　幾個人組成一個團隊互點彼此的廣告，這樣有辦法獲得長期收益嗎？答案是否定的。

　　Google相當重視廣告商的利益，自我點擊或誤擊這種無效點擊會在系統中自動篩選淘汰，被篩選掉的點擊不會列入發布商的收益，費用會退還給廣告商。

　　現在技術已經進步了，有些以前無法判別為無效的點擊如今已經可以辨識，這樣一來就能提升廣告商的性價比。也就是說**Google持續在維護並改善平台，讓廣告商能夠持續刊登廣告**。廣告費增加，就代表支付給發布商的收益也會增加，以中、長期的角度來看，這對發布商也是有利的。

　　有一些可疑的網路情報販子，會在網路上販賣「不被抓包的自我點擊法」，市面上甚至可以看到有所謂的「大家互相點擊」服務。但不管如何，發布商都不該以身試法。此外，好像還有「代為點擊」這類服務存在，不過這種服務通常到最後也會無所遁形。如果想要以違規走後門牟利的方式經營網站，就應該立刻將AdSense排除在外。

● 禁止自我點擊

✅ 與預估收益相差超過10%時要特別留意

　　自我點擊與誤擊等無效點擊的收益暫時會列入報表的收益計算。其實報表的收益和實際支付金額之間常常會有落差，就是因為實際的匯款金額會扣除掉無效點擊的金額，所以報表上才會顯示為「預估收益」，這個部分下一節 內行人絕招07 中會有詳細的說明。

　　報表金額和實際支付金額之間必然會有落差，差額百分比如果在個位數以內的話還算是正常範圍，超過10%可能就偏多了，此時發布商就該思考能否改善誤擊問題，或者檢討一下網站版面與AdSense的位置。

　　網站連結與AdSense的距離太近常是引發誤擊常見的原因，這種情況在手機網站上又特別常見。如果是這種情況的話，那麼發布商只要讓網站連結與AdSense的廣告保持適當的距離，便能改善誤擊問題。

1️⃣ 無論有什麼理由都不能自我點擊。

2️⃣ 絕對沒有人能透過自我點擊牟利。

3️⃣ 檢查無效流量占收益的比例，加以改善。

Check!

28

使用AdSense時應有的心態

● 深謀遠慮勝過短視近利

　　AdSense這種獲利管道，比較適合願意腳踏實充實網頁內容、增加瀏覽量、透過正規流量獲利的發布商，至少這種服務並不適合想在一到兩個月內短期牟利的人使用。

　　如果想在AdSense上短時間內牟利，就勢必要走旁門左道，比如說從某些管道購買可疑的流量。即便一時之間能透過這種手法獲利，我也沒見過任何案例是以同樣手法長久賺下去的。如果真的想透過AdSense賺錢，就不能短視近利，要以長遠的目光來看待。

　　還有一個重點，就是不要過於鑽牛角尖。我看過一些案例，越是無法順利賺到錢的發布商越會介意自己網站中放送的廣告內容，或者是會計較「為什麼數個廣告空間放送的都是同個廣告」。與其鑽牛角尖，不如想辦法增加瀏覽量，把心力放在這種能夠靠一己之力改善的事情上。

● 沒有捷徑

　　前面已經提過，想透過AdSense獲利並沒有什麼超級速成法，如果真的有，我早就先自肥了。若是真的想透過AdSense獲利，最好的方式是按部就班、一步一步來。

　　希望各位明白，AdSense無法讓你賺到大幅超乎自己網站實力的金額。若想賺到遠大於網站實力的金額，那麼勢必要走歪路。不過就算你找到AdSense機制或系統的漏洞，Google也總有辦法對付，投機取巧的心態是行不通的。

　　而假設你真能賺到高於網站實力的金額，那麼你該擔心的，是這樣的收益是否能長期化，而且你會把短時間內的獲利視為理所當然。

　　在你嚐到短時間內牟取暴利的滋味，並覺得這件事是理所當然之後，你就再也無法回頭，難以按部就班、腳踏實地經營網站。
我再重申一次，沒有任何旁門左道能讓你在AdSense鑽漏洞牟利，最快的方式就是腳踏實地累積，除此之外別無他法。

報表收益和付款金額的落差

這一節會仔細說明報表收益和付款金額之間的差距。重點在於發布商要確認自己的差額並加以改善，盡量減少差距。

Point

● 確認網站的無效流量有多少。

● 如果差額超過10%，就要重新思考張貼廣告的位置。

● 誤擊不會被列入收益中。

✓ 如何知道無效流量有多少？

從AdSense的管理畫面「設定＞付款＞交易紀錄」中可以看到「無效流量」這個項目。

這個項目顯示的是**劣質的瀏覽量**，包括自我點擊、誤擊等無效點擊，以及不當灌過水的瀏覽量、系統自動重新載入頁面等流量。

無效流量的數字每個月都會更新，請務必要確認，同時也要比對過去的數字，檢查是否有增減。如果「無效流量」的比例突然攀升的話，就必須立刻採取對策。

● 設定＞付款

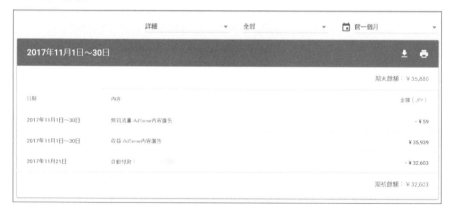

✅ 減少無效流量的方法

第二章會說明「如何張貼廣告更容易被點擊」等具體的技巧，但在此之前，你要先知道什麼是「不列入績效的點擊」。

如果你已經有自己的網站，你可以打開電腦或智慧型手機瀏覽網頁，點擊跳轉到不同頁面，確認有沒有「我本來是想按到其他頁面，卻差點不小心點到AdSense廣告」、「我本來以為這個是網站內容想去點擊，結果其實是AdSense廣告」這些情況。

無效流量的起因大多是在於用戶不小心點錯，所以你要先確認自己的網站有沒有這種情況，再來學習第二章之後的廣告設置法。

✅ 用戶的誤擊

用戶誤擊產生的費用會從預估收益中扣除，不會算在支付款項之中。發布商應該要減少誤擊情況，維護AdSense生態的平衡，讓自己也能夠長期獲得收益，從結果來看，這對發布商也是有利無弊。

順帶一提，被認定為無效流量而不須支付的收益會由Google退還給廣告商。根據Google2015年公布的數據，2014年查出的不當操作收益超過了兩億美元（大約兩百億日元），這些錢都會退給廣告商。

---

1 每個月要確認一次無效流量的情況。

2 沒有人能用鑽Google系統漏洞的方式獲得收益。

3 要注意別讓無效點擊、誤擊的狀況一再發生。

Check!

08 Google AdSense的審查標準

想從AdSense獲得收益的話，當然要先建立AdSense帳戶，而建立帳戶前必須先通過審查。而在建立帳戶時需要注意什麼地方呢？尤其是正準備使用AdSense的人，更要仔細確認這一節的內容。

Point

- 首先要理解政策。
- 只要有適當的內容就會通過審查。
- 張貼廣告時要留意其他廣告。

✅ 審查不限次數

若是現在就要開始使用AdSense的人，應該會很在意帳戶建立的審查標準吧？

其實就算第一次審查不通過，往後還有無數次機會可以挑戰，Google並沒有規定審查次數，挑戰個兩、三次完全不成問題。只要符合幾個標準，就能順利建立帳戶。

✅ 建立帳戶的審查標準是什麼？

1 網站內容

不用我說，網站內容一定要符合政策規定，所以發布商要先大致瀏覽過AdSense的政策頁面，避免在第一步就失敗。只要符合政策規定，不管什麼領域的內容都不成問題，內容如果夠豐富當然就更好了。

儘管沒有硬性規定要填妥聯絡方式或發布商訊息，不過還是盡可能把個人情報等發布商的相關資料填清楚比較好。

2 內容量

具體來說，只要有**十篇七百到一千字左右的文章就足夠了**，不過長度不代表一切，只要是沒有意義的文章都不會通過審查。就算你的網站有幾篇超過一千字的文章，但若是**語意明顯不通、或者價值其低無比的話，文章依然無法通過審查**。以下是一個聯盟行銷商審查不過的例子。

昨天我和老婆去了購物中心。老婆說搭電車去比較好，不過我想開車。我們去購物中心隨便買了一些東西，老婆買了圍巾，但是沒什麼我想買的東西。買完之後我們一起去吃飯，我吃的是爛燒鯖魚套餐，我忘了老婆吃什麼。吃完之後我們又到處晃，可因為我們都不年輕了，所以好幾次都坐在長椅上，坐下之後就閒聊。到了這把年紀還能逛街真的很開心，我們後來又逛了一下，最後開車回家。

雖然這篇文章的文字並不奇怪，但是內容非常空泛。這個聯盟行銷商的網站中，類似文體的文章至少有七百字，而且有十篇寫的都是當日流水帳，結果初次審查自然沒有通過。

3 關於其他網站的連結

網頁裡不能完全沒有其他網站的連結。如果你想寫對用戶有意義的文章，應該就會有一些引用等等的參考連結。

肉中心の食生活の人

ここ最近では日本人の食生活も欧米寄りの食事が主流になってきています。

欧米寄りの食事は、肉類を始め高コレステロールの食事が多く、特に肉類は胃で完全に消化されることなく腸に運ばれていくため、腐敗し、悪玉菌のエサとなります。

そのため、そのような食生活が中心で、まして食物繊維の摂取が足りていない人は、悪玉菌が日に日に優位になっていき、腸内環境（腸内フローラ）のバランスが崩れしまいます。

参考URL：コレステロールと悪玉菌の関係

文章裡的參考連結通常都對用戶很有幫助，因此你可以附上外部連結，提升用戶的滿意度。

完全沒有外部連結的文章，往往都是直接套用網頁模板製作而成（web templet），想讓用戶點擊AdSense廣告而已。最近審查沒通過的網站中，這類網站也越來越多了，因此務必留意。

不過**文章充滿了外部連結而內容空泛，或者網站的主要內容就是外部連結，這種網站也無法通過審查**，多與寡的拿捏是很重要的。

4 關於廣告

張貼其他聯盟行銷的連結或者其他廣告網絡（ad network，即Google所謂的廣告聯播網）的廣告並不成問題，不過需要注意兩件事。

❶ 違反成人政策

所有廣告都會被視為內容的一部分，所以要注意網站中有沒有放送會被認定為成人內容的廣告。

如果你張貼的其他廣告是成人廣告，就無法通過審查。

安裝有點成人的APP

❷ 廣告量

內容量比廣告量少的網站一樣不會通過審查，雖然沒有特別明定的面積大小，不過廣告所占面積若多於內容，就可以算是廣告量過多。

建立帳戶這個階段的重點，在於你的網站不能讓廣告商覺得「我不想在這裡刊登廣告」，你的目標應該是未來讓廣告商會想多多刊登廣告，這才是提升收益的方法。

---

1 初次審查沒通過也不必氣餒，再接再厲繼續改善。

2 最重要的地方在於網站內容是否符合政策規定。

3 如果你的網站會讓廣告商覺得「我不想在這裡刊登廣告」，那麼自然無法通過審查。

Check!

關於建立帳戶

● 不能用免費部落格建立帳戶

透過AdSense獲得收益前要先註冊AdSense帳戶，此時也必須填寫預定使用AdSense的網站連結，但這個網站不可以是免費的部落格。

以前使用Livedoor、FC2等免費部落格連結也可以註冊AdSense的帳戶，不過自2018年一月起，已經不能再使用這種免費部落格連結註冊新的AdSense帳戶了。

這與Google打擊垃圾網站的對策有關。

任誰都能建立許多免費部落格，因此有些人會濫用這個服務，一個人註冊了大量的AdSense帳戶。

這種網站的共通點就是網站品質低落，結果他們的AdSense帳戶也接二連三遭到凍結。為了避免這種問題一而再再而三發生，Google限制了「同一網域下建立的AdSense帳戶數量」。

除此之外，前陣子Google又改了規定，明文規定不得使用免費部落格連結，也代表為了打擊垃圾網站，Google又祭出了新招。

所因此想使用AdSense的話，就要先取得一級網域再來註冊。可能有人聽到「一級網域」就會覺得「好像要花錢」、「好像很難」，不過最近取得一級網域的方式已經更簡單，需要的費用也更少。

而且站在SEO（搜尋引擎優化）的角度來看，若能取得一級網域經營網站，在未來還會有數不清的優點。

畢竟免費部落格不完全是屬於你的，風險會很多。即使你的攬客情況步上軌道、AdSense收益增加且完全遵守AdSense的政策，只要提供免費平台的企業倒閉、服務終止，你的心血結晶也會隨之付諸東流。

這也个只是為了AdSense，經營網站代表你要進行長期的攬客活動，提供用戶有意義的內容，增加回頭客人數。從這些觀點來看，想長久經營自己的網站，最好還是不要使用免費的部落格。

09 與Google窗口聯絡

有些人應該從來沒和Google的窗口聯絡過吧？要和Google的窗口來往到底需要什麼條件？他們會提供發布商什麼服務呢？

Point

- AdSense窗口的人數在Google中也是少數。
- Google會根據收益將發布商分類。
- 盡力架設一個好網站，讓Google配窗口給自己。

✓ 如何與Google窗口聯絡？

很多人在經營網站時都會有一個疑問：「我能和Google窗口聯絡嗎？」

其實Google AdSense和其他廣告網絡或聯盟行銷平台相比，更難聯絡得到窗口。AdWords同樣也是Google的服務，但是任何廣告商都能透過免費電話諮詢AdWords窗口，和AdSense大不相同。

難以與AdSense窗口聯繫的原因如下。

● 理由

① AdWords是向廣告商收錢，AdSense是付款給發布商，所以AdSense在Google內部的人力資源順位較低。

② Google是以少數的人力資源管理眾多的發布商（日本有超過十萬個網站），所以基本上會根據收益的多寡替發布商排順位，提供不一樣的服務。

③ 因此能受到雙向溝通禮遇（也就是窗口）的發布商相當有限。

如上所述，AdSense對發布商的協助，相較之下會比別的公司或Google的其他服務稍弱，不過接下來我會介紹幾個求助的管道。

✅ 要有多少收益才能聯絡窗口？

　　窗口與發布商的來往有分成幾個層級，首先你得知道**Google會依據收益把發布商分類**，大致上可以歸納為以下五種。

① 超大規模網站（約數十間公司）

· 月收益數千萬～數億日圓
· 個別簽約

這些是Google邀請合作的網站，所以發布商基本上無法以他們為目標。
除了AdSense以外，還會有一些策略性合作。

② 大規模網站（約數百間公司）

· 月收益數百萬～數千萬日圓
· 這個等級以下的都是簽相同的合約

這也是Google邀請合作的網站，也會指派專門窗口負責。除了收益，還會以領域、品質、違規紀錄等為考量標準，個人發布商也不宜以他們為目標。

③ 中規模～大規模網站

（約數千間公司）

· 月收益數十萬日圓

雖然沒有指派專門窗口，不過會收到AdSense優化負責人透過電子郵件、Hangouts聯絡等提供「提升AdSense收益」相關的建議。許多個人發布商都能享受到這樣的服務。

④ 小規模～中規模網站

· 月收益數萬日圓

會收到「與我們聯絡表單」寄來的信件協助，沒有客製化提案。

⑤ 小規模網站

· 幾乎沒有AdSense收益

沒有「與我們聯絡表單」的信件協助，只能瀏覽說明中心。

如果是「❸中規模～大規模網站」，月收益達到數十萬日元，就會有客製化的提升收益提案，也可以直接與AdSense優化負責人以電話、Google Hangouts、信件等方式進行雙向溝通。

可惜他們也不是一對一的窗口，所以無法隨時提供諮詢。發布商必須與對方安排時間、在約定好的時間帶聯絡。而且他們基本上也不會提供除錯（troubleshooting）或有關政策內容的諮詢，主要的協助方向還是在著重在提升收益這方面。

順帶一提，如果日本AdSense的收益為一百，那麼「❶超大規模網站」和「❷大規模網站」的收益加起來就超過五十。帳戶數量儘管不滿1%，收益卻占全體的半數以上。雖說AdSense的帳戶數符合「長尾效應」，不過從收益來看，「頭部」的收益真的很龐大，這也代表Google對於屬於「頭部」的❶與❷，自然會集中投入相當多的人力資源。

✅ 與Google窗口聯絡的注意事項

無論是想問SEO或AdSense，要與Google窗口見面的機會都很有限（只能在討論會時或活動上）。而且就算提問，也常常都只能得到罐頭郵件的回應。

因此很多人都以為AdSense是機器人在管理，但是**實際在回應所有問題的都是活生生的人類**。當你收到AdSense的警告，或者希望收益更上一層樓而要諮詢窗口建議時，還是必須遵守基本的職場禮儀，並且簡單扼要說明自己的問題。

這些細節就是讓你能夠迅速得到具體回覆的關鍵。

---

1 AdSense跟其他服務相比，更不容易直接與Google的窗口聯絡。

2 發布商會被以收益等標準來分類，各類的服務層級都不同。

3 想要得到更好的服務，就要提升收益與網站的品質。

Check!

Chapter - 2

頂尖聯盟行銷商與
曾任職AdSense之專家
傳授的吸金法

這一章會具體說明要如何編寫內容、如何吸引用戶才能
在AdSense獲利，以及什麼樣的廣告位置更能夠提升收
益。

內行人絕招 10
如何打造
點擊率高的網頁內容

內行人絕招10 與 內行人絕招11 中會介紹點擊率、單次點擊出價高的網頁內容基本條件。在具體說明「要架設什麼樣的網站」與「要怎麼吸引用戶」之前，我會先說明要怎麼從AdSense的運作方式來構思網頁內容的方向。

Point

● 放送的廣告會依網站性質而定。

● 放送的廣告會依用戶的行為傾向而定。

● 從廣告的放送方式找出該從什麼方向編寫網站內容。

☑ Google真心希望發布商能以正當的形式增加點擊數

Google會盡量打造能夠有更多人點擊廣告的機制。他們對於無意義的點擊和不當點擊當然非常嚴苛，不過就是因為**有意義的點擊越多，AdSense廣告對廣告商就越是能夠吸引眾多用戶的強力夥伴**，所以他們才會致力於此。

此外，如果聯盟行銷商也能夠理解「容易提升收益的機制」是什麼，加入AdSense的人就會增加，AdSense的攬客力也會上升。

☑ AdSense廣告是如何放送的？

話說回來，AdSense廣告又是以什麼機制在放送的？從結論來說，**Google會考量張貼AdSense網站的性質與瀏覽該網站的用戶傾向放送廣告**。

1 網站性質

假設你在「婚友網站」上張貼AdSense，就會放送以下的廣告。

● 交友APP

● 婚友社

這是根據「網站性質」放送廣告的機制。

2 瀏覽該網站的用戶傾向

舉例來說，你準備要出差，為此訂了一家商務旅館並瀏覽了旅遊網站，在那之後是不是會在網頁中顯示出「各種旅遊網站的廣告」以及「旅遊方案的廣告」呢？

其實AdSense會分析用戶使用的電腦和智慧型手機，並且建立了「這台智慧型手機經常在查除毛沙龍，所以就放送除毛沙龍的廣告」與「這台電腦常在看護髮相關網站，所以就放送護髮洗髮精的廣告」這樣的機制。

● GoogleAdSense的廣告放送

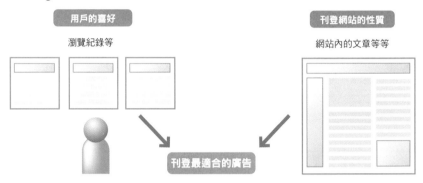

✓ 擁有「重大煩惱」的人具備什麼特徵？

下表是敝公司聯盟行銷網站的Google網站管理員（舊名Google Webmasters）數據。每個關鍵字都有「❷過去四周的搜尋次數（預測）」、「❸曝光數」、「❹點擊數」、「❺顯示排序」這些數據。

● 各關鍵字的「某月搜尋次數」、「曝光數」、「點擊數」、「顯示排序」

❶關鍵字	❷搜尋次數	❸曝光數	❹點擊數	❺顯示排序
Ⓐ 聯誼地獄	2,400	229	6	28.1
Ⓑ 熟齡婚	390	77	2	29.7
Ⓒ 表演　段子	3,600	23	4	27.3
Ⓓ 畢業歌　經典	2,900	46	2	30.4

> ❶ **關鍵字**：從「可能是重大煩惱的關鍵字」中挑選出「婚友」類的關鍵字，並從「推測應該是為了收集資料才會搜尋的詞彙」中選出「表演 段子」類的關鍵字。
>
> ❷ **搜尋次數**：這個關鍵字在Google上被搜尋的次數（預測數）。
>
> ❸ **曝光數**：自家網站連結在Google搜尋的結果中顯示出來的次數。
>
> > 例 如果自家網站的連結顯示在第三頁，用戶卻只看到第二頁，就不會列入曝光數計算。
>
> ❹ **點擊數**：自家網站連結在搜尋結果中顯示並被人點擊的次數。
>
> ❺ **顯示排序**：搜尋結果中顯示的自家網站連結是排名第幾。

1 顯示排序

首先先留意「❺顯示排序」中的數字，不管是哪個關鍵字，顯示排序都在二十多名左右，如果是Google搜尋，每頁通常只會顯示十筆結果。

二十多名就代表顯示在第三頁，排名其實不太高。

2 曝光數

接著來看「❸曝光數」，曝光數代表自家網站在搜尋引擎上顯示了多少次（參考下表）。

舉例而言，「Ａ 聯誼地獄」這個關鍵字的「❺顯示排序」是28.1名，代表在搜尋結果第三頁會顯示自家網站的連結，「❸曝光數」是229。而「Ｃ 表演 段子」的「❺顯示排序」是27.3名，同樣也顯示在第三頁，不過「❸曝光數」卻少之又少，只有23次。

以曝光數除以搜尋次數可以得到「曝光率」，「Ａ 聯誼地獄」是9.5%，「Ｃ 表演 段子」是0.6%，曝光率的差異也相當顯著。

❶關鍵字	❷搜尋次數	❸曝光數	❹點擊數	❺顯示排序
Ａ 聯誼地獄	2,400	229	6	28.1
Ｃ 表演　段子	3,600	23	4	27.3

從這些數據可以得知**想要解決「重大煩惱」的人在Google搜尋時，會一路看到排名較後的搜尋結果**。以「Ａ 聯誼地獄」來說，2400次的搜尋中曝光了229次，就代表有10%的人會看到Google搜尋結果的第三頁。

另一方面，以「表演　段子」、「畢業歌　經典」這些關鍵字搜尋的人，實際上可能不是真的那麼煩惱，所以也很容易想像其實沒什麼人會特地看到搜尋結果的第三頁。

✓ 了解廣告放送的機制也能提升點擊率

這裡請各位回想我在40頁提到的Google AdSense廣告放送機制，放送的廣告會根據「**用戶的傾向**」和「**網站的性質**」而定。

想要找到資料解決重大煩惱的用戶比較會鍥而不捨，也會瀏覽能夠解決煩惱的其他網站，用戶瀏覽這些網站時，就會滿足「用戶的傾向」和「網站的性質」兩個條件，**Google也就更有可能對這個用戶放送有助解決他煩惱的廣告**。這樣一來，用戶極有可能會對廣告內容有興趣，點擊率也容易上升。

網站內容如果與解決重大煩惱有關的話，不只容易提升收益，更會對用戶有相當大的幫助。

1. 了解AdSense放送廣告的機制！
2. 擁有重大煩惱的人會認真收集資料。
3. 能夠解決重大煩惱的網站，點擊率通常會很高。

Check!

內行人絕招

11 單次點擊出價高的網站特色

這一節要介紹單次點擊出價高的原理是什麼，不管是什麼領域，只要能吸引到一批有相同興趣的用戶，就能提升單次點擊出價。

Point

- 廣告商可以更改單次點擊的廣告費。
- 廣告商可以決定要在什麼網站放送廣告。
- 只要獲得廣告商喜愛，單次點擊出價就會變高。

✓ 專門網站的單次點擊出價會漸漸攀升

專攻某個領域的網站通常單次點擊出價也會比較高。所謂專門網站指的是「女性高齡生產、育兒」或「為成年痤瘡所苦的人」這種**把目標受眾設定得很具體的網站**。

這個部分與 內行人絕招10 中所說的「是否為重大煩惱」並沒有特別關係。

● 專門網站

正如右圖所示，把某個主題的目標受眾設定得非常具體，這種就叫「專門型網站」。如果網站的目標受眾是「為成年痤瘡所苦的人」，就會放送與網站相符的AdSense廣告「治好痤瘡的商品」，因此容易提高點擊率，單次點擊出價通常也會比較高。

單價提升的理由？

在專門網站上放送的廣告，單價會比較高的可能原因大致上有兩個。

1 放送的廣告容易與網站性質吻合

在專攻某個領域的網站，**要找出一些與網站內容類似的廣告來放送通常比較容易**，這樣的網站當然點擊率也會比較高。

不過除此之外也要留意一下「用戶的行為」，放送的廣告若與網站的性質類似，**點擊廣告的用戶就極有可能會購買這個商品**。

廣告商可以在放送廣告的AdWords管理畫面中，看到「來自該網站的用戶購買率高低」的數據，廣告商如果發現有的網站購買率較高，就會認為「透過這個網站點擊廣告的用戶購買率比較高，那我們可以提高單次點擊的廣告費，讓我們公司的廣告多多被放送」。

而且有這種想法的不會僅僅只有一家公司，AdWords是以競價方式決定價格，**如果有數個廣告商提高單次點擊的廣告費，那麼單次點擊出價自然也會變高**。

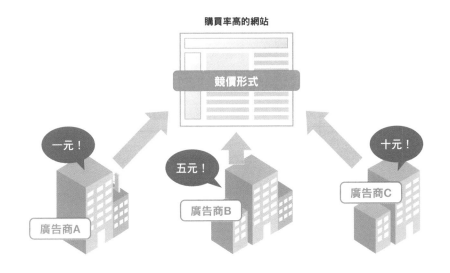

2 廣告商「指名」你的網站

如果是透過AdWords委登廣告，Google就會隨機挑選嵌入AdSense的網站放送廣告，但是其實這個機制不完全是隨機的，廣告商在使用Google AdWords設定廣告時，也可以指定「我要在這個網站放送廣告」，這個功能稱為「**自選刊登位置**」。

如果你的網站是專攻某領域的網站，「這個網站應該會有很多願意購買我們公司商品的用戶來瀏覽，我就設定在這裡刊登廣告吧」這種事情應該會經常發生。

單次點擊的廣告費用是以競價形式決定的，因此**越多企業指名要刊登的網站，單次點擊的廣告費就會越高，用戶點擊AdSense的單次點擊出價也就越高**。

● Google AdWords自選刊登位置的設定畫面

從Google AdWords的管理畫面可以調整單次點擊的價格。

1 經營專門網站，鎖定客群。
2 點擊後的購買率也會影響單次點擊出價。
3 讓更多廣告商指名刊登吧。

Check!

內行人絕招

12 AdSense賺錢的領域

前一節介紹了有關重大煩惱的網站點擊率高、專門網站的單次點擊出價高的原因，而在AdSense獲利的人具體來說大多是經營什麼領域的網站呢？

Point

● 企業對企業（B to B）、不動產等牽涉大筆金額的領域收益也比較大。

● 與嗜好、婚友相關的專門網站容易獲得收益。

● 涵蓋領域廣的網站在AdSense也容易獲得收益。

✅ AdSense收益率高的領域

我根據在Google負責AdSense業務的經驗，以及曾與許多聯盟行銷商交涉之員工觀察到的趨勢，介紹下列七個高收益的領域。

1 嗜好類網站

嗜好包括「高爾夫」、「釣魚」、「汽車」、「機車」、「鍛鍊肌肉」、「相機」、「旅遊」等等，嗜好可以容納的層面非常廣泛，所以當然也不僅只於此，也有很多經營這種網站或部落格的人其實沒有聽過什麼是「AdSense」和「聯盟行銷」。

聯盟行銷比較少嗜好類領域的商品，所以這類網站要採用聯盟行銷的話確實有些困難，不過**如果採用AdSense就常常能放送到合適的廣告，點擊率也比較高**。

推薦「我想要活用我的興趣經營部落格！」這樣的人使用AdSense。

2 不動產類網站

結婚組成家庭後，就會開始有各種煩惱：「要不要買房子？」「新建大廈？舊大廈？」「獨棟房？」「地點呢？」「治安呢？」「怎樣的房間格局在賣的時候比較有利？」

在不動產網站上放送的廣告也是不動產類居多，單次點擊出價通常也會比較高，**畢竟「賣出的金額」高，許多企業也會投入更多的預算**。

簡單舉例來說，如果單次點擊的廣告費是五百元，一千人點擊就要付五十萬元，但是只要成功讓其中的一個人購買五千萬的房子，就算再提高單次點擊出價一樣有賺頭。

2

頂尖聯盟行銷商與曾任職AdSense之專家傳授的吸金法

3 婚友類網站

我在 内行人絕招10 中提過，因為結婚通常是**比較重大的煩惱，所以這類部落格和網站的點擊率也會比較高**。一般聯盟行銷的廣告通常會偏向婚友媒合網站，不過使用AdSense的話就會顯示出各種結緣類的廣告。

而且婚友相關服務每個月都會收取費用，所以通常**廣告單價也比較高**。

不過這個領域的煩惱比較重大，所以用戶也已經收集各種資料了，在架設這類網站時不能只羅列出你收集到的資訊，而要更深入探討。

4 育兒類網站

育兒與婚友同樣屬於重大的煩惱，所以點擊率很高。而且從初次懷孕到育兒這段期間會有各種不安，所以很多用戶會使用各種相當冷門的關鍵字搜尋。舉例而言，用戶可能會憂慮不知道第一次買嬰兒車要用什麼標準來挑，於是用盡所有關鍵字去搜尋答案。

這個領域的特色是**可以從各種角度構思你的內容，所以網站經營相較來說會比較容易**，而且競爭度低的關鍵字也很多，所以特別容易在搜尋引擎上得到更高的排名，也更容易吸引用戶。

不過即便是育兒相關的內容，「小孩的溼疹」、「腹瀉」等煩惱都是與健康相關的領域，Google在排定這類領域的名次時相當重視網站的可信度，所以最好注意資訊的正確性，需要的時候就詢問醫生或請醫生審訂。

5 企業對企業類大眾媒體

通常B to B的商品或服務金額較高，又或是因為在用戶實際購買前需要一段時間，所以聯盟行銷要推B to B這種以企業為主的服務相當有難度，不過使用AdSense的話用戶一點擊就會計費，發布商也比較容易獲利，而且**B to B商品通常會是鉅額交易，所以單次點擊出價通常也會比較高**。

不過經營B to B大眾媒體需要專業知識，所以幾乎都是由公司經營，用來吸引用戶購買自家公司的服務，至於個人經營的發布商大多都會運用上一份工作的一些技巧。

6 綜合女性取向、男性取向的大眾媒體

雖然這一類的內容與專門領域或重大煩惱完全扯不上邊，不過**沒有特定目標受眾的大眾媒體也很適合使用AdSense**。

這種網站並沒有什麼特定主題，而是充滿減肥、美白、育兒、懷孕、戀愛等各式各樣的文章。許多這類的**大眾媒體都會配合文章調性，既做商品的聯盟行銷也張貼AdSense廣告**。

而且他們的最終目的是以一般廣告或業配文獲得收益，因此網站不會限定單一領域，會全方面提升瀏覽量（點閱數），不過有些發布商在透過一般廣告或業配文獲得收益之前，就會先以AdSense作為收益的支柱。

7 常在社群網站廣為流傳的大眾媒體

　　感人、落淚、好笑類的文章在社群網站上容易吸引用戶，也比較廣為流傳。但是從另一方面來說，因為透過社群網站無法明確知道能夠招攬到什麼樣的用戶，所以很難透過聯盟行銷獲利。畢竟與文章內容同質的商品很少，也很難透過聯盟行銷推薦些什麼商品。

　　不過AdSense可以根據用戶傾向放送廣告，比較容易做為獲利的管道，所以這類的大眾媒體也很適合使用AdSense。

　　如上所述，在一般聯盟行銷上難以賺到錢的領域，卻能把AdSense當作獲利管道，這也是AdSense的優勢之一。

1 適合使用AdSense的領域意外地多。
2 可以鎖定交易金額大的領域。
3 目標受眾廣泛的網站使用AdSense也很有利。

Check!

49

內行人絕招 13 以適合SEO與社群行銷的文章增加點閱數

適合AdSense的攬客法是「SEO行銷」與「社群行銷」，這一節會說明什麼樣的文章適合這兩種行銷。 內行人絕招14 以後會再具體說明編寫的技巧，這一節就先來介紹發布商應該編寫什麼類型的文章。

Point

- 先知道文章的類型有哪些。
- 不必在乎商品賣不賣，所以可以先自由思考想要寫什麼內容。
- 要站在用戶的角度構思文章內容！

✅ 適合SEO行銷與社群行銷的文章類型

AdSense網站的用戶來源幾乎都是「搜尋引擎」和「社群網站」。

而且AdSense不同於聯盟行銷，不需要寫出介紹商品的內容，所以只要有「解決問題」、「故事」、「好笑＆感動的事」等適合在社群網站上分享的文章，AdSense就可以成為一種獲利管道，這也是AdSense的優勢。

接下來會介紹，要如何撰寫不管在什麼樣的網站都通用，且適合用SEO行銷、社群行銷集客的文章。

❶ 解決問題類文章 適合SEO行銷 適合社群行銷

解決問題類文章**容易在搜尋引擎中得到較高的名次，在社群網站中也容易讓目標受眾互相分享**。

而且這些方法如果適合解決重大煩惱的話會更好，以下例而言，只要透過「懷孕　腳抽筋」、「懷孕　腳抽筋　原因」等關鍵字得到高名次，就能吸引到一定數量的用戶。

> 例 懷孕中期「腳抽筋！」原因與解決法？

❷ 問卷調查類文章 適合社群行銷

問卷調查類的文章**通常都能在社群網站上廣為流傳**，越是讓人在意「大家都是怎麼想的」這類的主題就越多人轉傳。

而且如果撰寫成新聞稿，大型的媒體或許也會以此為題材，運氣好的話還會被雅虎新聞相中。

> 例 一百個新手媽媽的心聲！老公十大「煩人」的地方

❸ 統整、比較、一覽類文章 適合SEO行銷 適合社群行銷

這種類型的文章中，**只要使用用戶購買意願高的關鍵字，就很容易得到高排名**。舉例來說，下例的文章中使用了「嬰兒車　比較」這樣的關鍵字，所以很容易得到高排名。

而且由於這些文章**會讓人產生「我想要之後再慢慢讀」的念頭，因此在「Hatena Bookmark」這種網頁存取的社群平台上也常常會廣為流傳**。

> 例 【最新】2018年模特兒最推的嬰兒車統整！一網打盡比較九個品牌

❹ 有趣！想哭！訴諸感性的文章 適合社群行銷

訴諸感性的文章容易在Facebook、Twitter、LINE上廣為流傳，雖然這類文章的攬客力並不持久，**但是通常具有瞬間爆發力**。

而且只要在自己的網站上持續發布這類的文章，網站的粉絲就會增加，也會有更多回頭客。

> 例 兒子看到累壞的媽媽說了一句讓人想哭的話⋯⋯

❺ 專訪類文章 適合SEO行銷 適合社群行銷

有權威背書的文章通常也會廣為流傳，而且如果受訪者在自己的Twitter或Facebook上推廣這篇受訪文章，行銷效益會更好。

倘若受訪內容與解決問題類有關，這篇文章也很容易在搜尋引擎上得到高排名。

> 例 電視紅人○○專家的專訪！絕不能對「不要不要期」的兩歲小孩說什麼？

⑥ 新聞與時事類文章 `適合社群行銷`

這種文章通常都會在社群網站上廣為流傳，在這類主題蔚為話題的期間，搜尋引擎上的排名也會很高，但是不會持久。

> 例 育兒結束的世代都驚呆！最新的「嬰兒車」再次進化

⑦ 藝人、名人類文章 `適合SEO行銷`

藝人、名人的名字每隔一段時間就會有人搜尋，這也是這類文章的優勢。而且有些藝人、名人一上電視，雜誌、搜尋量就會成長。

除此之外，若看準了還沒有什麼名氣的藝人、名人首次上節目時編寫文章，也可以一口氣吸引到很多用戶。

> 例 「與媽媽同樂」的下一個唱歌姊姊是誰？

⑧ 電視節目類文章 `適合SEO行銷` `適合社群行銷`

這類文章的行銷訣竅就是要在節目開播前編寫完成並公開，在節目開播之後的攬客力非同凡響，而且也會在社群網站廣為流傳，不過這類文章一樣沒有長久的攬客力。

> 例 「老師沒教的事」引起討論！？ 優格能提升免疫力？

適合使用AdSense的文章類型相當多，下一頁之後我會具體介紹各種類型的文章應該怎麼編寫。

Check!

1. AdSense網站適合SEO行銷與社群行銷。
2. 花錢的攬客法並不划算。
3. 文章類型意外多，發布商要先有所認識。

內行人絕招

14 解決問題類文章的寫法

解決問題類文章在搜尋引擎中相當容易得到高排名，也常常在社群網站上廣為流傳。這一節會介紹要怎麼編寫值得一讀、用戶接受度也高的解決問題類文章。

Point

● 選出想操作的關鍵字。
● 思考用這些關鍵字搜尋的用戶有什麼想法。
● 編寫不輸競爭者的好文章。

✓ 主觀的解決問題類文章接受度低

解決問題類文章指的是**讓有煩惱的人「解決煩惱」、「追根究柢找出煩惱起因」的文章**，而**不做任何調查，全憑個人經驗和主觀想法為依歸**是編寫這類文章的大忌。

確實有些人在讀了親身體驗或經驗分享後也會覺得獲益良多，但是這未必能套用在所有用戶身上，而且從搜尋引擎的性質來考量，主觀的內容也很難得到高排名、難以攬客。既然如此，這一類的文章究竟該如何編寫呢？

✓ 開始編寫文章吧

我以「懷孕中期腳抽筋！原因和解決方法是什麼？」這個主題為例子，說明解決問題類文章應該要怎麼寫。

1 先思考搜尋這個主題的用戶有什麼想法

一開始首先請先思考自己的文章對於**以什麼關鍵字搜尋的人而言是有幫助的**，只要考量到攬客效益，你就會知道「搜尋次數越多的關鍵字越適合使用」。

下方是我用Google關鍵字規劃工具查出的平均每月搜尋量，可以列入候補的關鍵字應該會有以下這些：

「懷孕 腳抽筋」720次	「懷孕中 腳抽筋」880次
「孕婦 腳抽筋」1900次	

● Google關鍵字規劃工具 可以確認指定關鍵字每月搜尋量的畫面

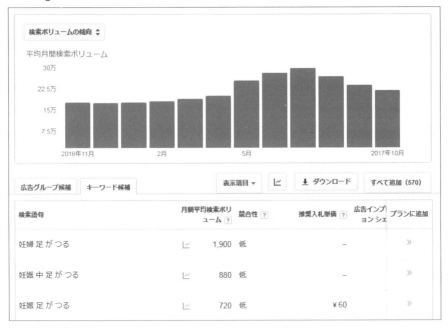

如果是搜尋次數多的關鍵字，就代表會有各種部落客、聯盟行銷商、企業在採取SEO行銷時會想要用這個關鍵字讓自己的頁面得到高排名，所以你要得到高排名會耗費很多時間。雖然光是看搜尋次數並無法計算出競爭激烈的程度，不過接下來的例子還是會採用平均每月搜尋量最多的「懷孕 腳抽筋」，並將文章的目標受眾設定為以這個關鍵字搜尋的用戶。

接下來要介紹的例子屬於醫療健康領域，日本Google在2017年12月6日已經更新這個領域的演算法，務求醫療健康類內容的可信度，因此發布這類的文章時要特別注意資訊是否正確。

2 善用搜尋引擎決定要寫的內容

❶ 以搜尋引擎搜尋關鍵字

先搜尋看看自己希望能得到高排名的關鍵字，確認其他網站寫了些什麼文章。不知道要寫什麼文章的人可以參考其他公司的網站，也可以提醒自己不能寫輸競爭對手。

妊娠　足がつる

すべて　　動画　　ショッピング　　画像　　ニュース　　もっと見る▼　　検索ツール

約 411,000 件（0.35 秒）

妊婦の足がつる！原因、対策、予防法は？妊娠中は要注意！- こそだて …
192abc.com › 妊娠・出産 › 妊娠中期 ▼
2015/01/20 - 妊婦さんの多くは、「**足がつる**（=こむら返り）」ということを経験します。**妊娠**前はつったことなどなかった方でも、**妊娠**をきっかけにつりやすくなることもあります。なぜ妊婦さんは足がつりやすいのでしょうか？今回はその原因や対策、予防法 …

妊娠中に足がつる原因と対処法 - 妊娠育児の情報マガジン「ココマガ」
cocomammy.com/pregnancy/foot-chord/ ▼
2015/01/18 - **妊娠**してから**足がつる**ことが数多くあります。足のつりは痛みも伴い、治るまでに時間もかかる上に、癖になるため避けたいものです。そこで今回は、**足がつる**原因と対処法についてご紹介します。
足がつる症状とは ・妊娠中に足がつる原因と対策方法 ・足がつってしまったら

妊婦・妊娠中に足がつる原因とは？ | ヘルスケア大学
www.skincare-univ.com/article/004977/ ▼
妊娠中期から後期にかけて、寝ている時などに**足がつる**・こむら返りが起きることが多いと言われています。この**妊娠**中に起きる**足がつる**・こむら返りの原因について、ドクター監修の記事で解説します。

❷ 整理各網站的資料

　　接著要從各個網站收集資料並加以整理。敝公司會網羅排名一到二十的網站資料並加以整理。

● 統整的例子

【排名第一的網站寫的內容】
● 腳抽筋的原因　　・血液循環不好
　　　　　　　　　・缺乏礦物質
　　　　　　　　　・體質改變
● 預防法　　　　　・矯正骨盆
　　　　　　　　　・改善飲食習慣
　　　　　　　　　・健走
● 這種時候要去醫院
● 腳抽筋是生理現象

【排名第二的網站寫的內容】
‥‥‥

❸ 編列目次

把你整理的項目分成「大目次」、「中目次」、「小目次」，編列出目次。

● 編列目次的例子

標題【懷孕中期腳抽筋！ 原因和解決法是什麼？】
《引言》
《大目次》● 腳抽筋的原因
《中目次》　　・血液循環不良
　　　　　　・缺乏礦物質
　　　　　　・體質改變
　　　　　　・骨盆不正
　　　　　　・肌肉量減少
　　　　　　・飲食習慣不佳
　　　　　　・缺乏維他命B1
　　　　　　・體寒
《大目次》● 預防腳抽筋！
《中目次》　　・矯正骨盆
　　　　　　・改善飲食習慣
　　　　　　・健走

網羅排名前二十的競爭對手網站後，再加入「親身體驗」、「個人感想」、「推薦商品」等**獨家內容**，能做到這一步，你的網站就會優於競爭對手，在搜尋引擎中也容易得到高排名。

但是參考終歸只是參考，複製貼上或剽竊他人的文章當然都是不可行的。

❸ 增加用戶想知道的資訊

在確認競爭對手寫了什麼內容後，你可以調查一般用戶對什麼事情感到不安、疑問或煩惱，並加上能夠回答這些問題的說明。

這裡我主要是參考Yahoo奇摩知識+這種問答網站。

這次的關鍵字是「懷孕 腳抽筋」，我在Yahoo奇摩知識+中搜尋「懷孕 腳抽筋」、「孕婦 腳抽筋」這些關鍵字，**把剛剛編排好目次的文章中還無法**

解釋的問題也加入目次，寫成一段文字。

● 新增文字的例子

━━━さん　　　　　　　　　　　　　　　　2014/8/30

懷孕中身體會打顫。

我現在是懷孕六個月的孕婦。

幾天前開始，在入夜後我的腳、手臂和
拇指根部的地方會一顫一顫地抽動。

> 從這個問題可以發現有些人的煩惱不是「腳抽筋」，而是「腳會一顫一顫的」。

➡ 調查「腳會一顫一顫」的現象並寫成文章。

> 很好奇UTEMERIN這個詞，可以進一步搜尋。

匿名ID　　　　　　　　　　　　　　　　2007/3/28 1

我的腳會抽筋。
我現在懷孕三十周，從第二十七周開始我就在吃UTEMERIN這種藥，
從那個時候開始腳就常常抽筋。
我覺得應該不是藥的關係，但是有沒有同樣狀況的孕婦呢？
有人會覺得腳無力嗎？要撐到生產前好痛苦啊……

➡ 搜尋結果發現UTEMERIN和腳抽筋之間沒有關聯，因此文章中不會提
　及。

> 有人疑惑「腳抽筋、感覺像是肌肉酸痛的時候可不可以貼貼布」。

　　　　　　　　　さん　　　　　　　　2012/1

懷孕中不能吃藥，貼布、膏藥、眼藥水也都不行嗎？

➡ 雖然這件事與腳抽筋無關，不過在文章中也可以說明貼布、膏藥的
　事。

　　像這樣子，在寫一篇文章並尋找靈感的時候，Yahoo奇摩知識+這種問
答網站就相當好用。

✅ 有用的不只是「文字」

除了我前面介紹的方法，也可以試試下面的一些手法。

- 影片介紹
- 從社群網站引用相關心得感想
- 以圖像表現

舉例來說，在文中插入影片說明也是個不錯的方法，像「伸展法」、「鍛鍊肌肉的方法」這種資訊用影片呈現會更好理解的話就不要用文字說明，找找YouTube之類的影片分享。

或者是你在寫特定商品的介紹時，引用一些社群網站上發布的資料也很有效。而且評比網站上常常會有競爭業者找碴的評語，或者自家公司自賣自誇的感想，但是看社群網站的推文就能清楚知道「這個是不是老王賣瓜」、「是不是一般用戶寫的」，所以很推薦各位多多引用IG或Twitter的內容。

在傳達訊息的時候不要受限於文字，編寫時只要多用一點心，用戶也會受到吸引，讓你的網站或部落格擁有更多讀者。

● 文章中嵌入影片的例子

1 以網羅競爭對手網站的概念編寫文章。

2 再加上問答網站的問題當作參考。

3 除了文字之外，也可以使用影片、圖像、插圖、社群網站的推文。

掌握在文章中加入問卷結果的編寫法

問卷調查類的文章常常會在Facebook、Twitter、Hatena Bookmark等社群網站上廣為流傳，到底要如何做問卷調查、編寫什麼樣的文章呢？

Point

- 問卷調查類的文章常常會廣為流傳。
- 問卷調查其實很好做。
- 除了要有統計結果，更要有能呈現出結果的編寫能力。

✅ 問卷調查類的文章容易被轉傳

問卷調查類文章是指**透過問卷服務或調查公司取得問卷，根據調查結果寫出的文章**。問卷主題從與我們息息相關的「生活」、「戀愛」等等，到網路認知調查這種專業的主題都有。

根據調查結果寫出的文章，通常都會在社群網站上廣為流傳，適合用在社群行銷或社群網站轉傳衍生的反向連結行銷等等。

✅ 在社群網站中廣為流傳的問卷種類

❶ 戀愛類

最近「找對象」已經不再是熱潮，而是成為普遍的社會現象了，所以找對象等類型的問卷常常會廣為流傳，即便是專問女性的問卷，有時候也會在「5channel」※論壇上引起男性網友的討論，周邊效應相當驚人。

❷「哪一派」類

問卷裡通常都會有琳瑯滿目的問題，不過「哪一派」這種問題就很簡單了，比如說「你是狗派還是貓派」這種問題，這一類的問卷最好能盡量貼近我們的生活。

❸ 時事類

「時事類」問卷是詢問世人對於某些時事的意見，讓人能輕鬆表達自己的意見，在社群網站中也常常會廣為流傳。問卷可以詢問大眾對於「政客的負面新聞」、「運動選手的重大紀錄」、「藝人的醜聞」、「討論度高的服

※原為2channel，已於2017年10月1日更名為5channel。

務」有什麼樣的想法。

如何在網路上輕鬆取得問卷？

一聽到「問卷調查」，可能就會有人覺得要勞師動眾、要花大錢，但是其實如果能善用網路服務，就能夠輕鬆取得問卷結果。

● ann and kate

「ann and kate」是知名的網路問卷調查網站，透過這個網站就可以輕鬆收集到受試者的問卷，價格是**「一人」×「一題」為十日圓**，假設是對三百人提出四個問題就是「三百人×四題」等於一萬兩千日圓。

這個網站的特色是會員人數超過一百萬人，年齡層從十歲到七十歲都有，相當廣泛，可以輕鬆以低價進行問卷調查。

https://www.ann-kate.jp/（適合想填寫問卷小賺一筆的人）
http://research.ann-kate.jp/（適合想進行問卷調查的人）

● Lancers

群眾外包（crowdsourcing）的服務現在也有問卷調查的功能，可以對在群眾外包服務網上註冊的會員進行問卷調查，也可以自行設定每題問題的金額，如果想以最便宜的方法收集問卷，推薦你可以使用。

不過如同下頁圖示，如果「每個人的限制」你選了「無限制」，就可能會有人因想多賺一點而多次作答，所以要留意。

● Twitter

Twitter也有問卷調查的功能，可以對Twitter用戶進行問卷調查，而且如果是「貼近生活的問題」、「容易回答的問題」，有些人可能在投票後還會幫你轉傳出去。

這也代表在進行問卷調查的同時，可能會有更多人看到自己的帳戶，所以相當推薦。當然這個服務是免費的。

✓ 編寫問卷類文章的重點

收集到問卷之後就可以根據統計結果來編寫文章了，不管你做了什麼精彩的問卷，只要你的文章不吸引人就不會有人轉傳。

1 先寫結果

閱讀這篇文章的人最想知道的就是「統計結果」，所以盡量在最前面的地方寫出統計結果。

如果不寫在最前面，用戶可能會一口氣略過中間段落，直接跳到寫出統計結果的地方。

2 善用圖表

統計完的問卷結果會充滿各種「數值」，但若只是寫出這些數值的話用戶不易閱讀，這時可以透過**「圓餅圖」**、**「直線圖」**、**「折線圖」**等更清楚明瞭的方式呈現。

3 加上問卷中出現的有趣評語

通常在做問卷調查時都會設定一些「以上皆非的自由填寫」欄位，如果出現了「天外飛來一筆的答案」、「好笑的答案」、「很意外的答案」，務必要寫出來。

4 對統計結果進行評論或解説

接著如果要對統計結果進行「評論」、「解說」或「比較」，就要說明「問卷調查結果是○○所以應該是△△」，有時候這些**評論或解說也會成為廣為流傳的因素**。

✅ 可以考慮外包

還有另外一個做問卷調查的方法，就是從收集問卷到編寫文章全程外包。像「shinobi writing」就是個在聯盟行銷商與大眾媒體經營者之間相當知名的文章編寫公司，透過他們就可以把問卷類文章整個外包。

你可以請shinobi writing的寫手進行你指定的問卷調查，也可以只請他們把統計結果寫成一篇文章。除了文字之外，還可以委託他們製作圖表等數據圖。

● shinobi writing

https://crowd.biz-samurai.com/corporate/

1 讓社群網站上設定好的問卷轉傳出去吧。

2 記得什麼是常常會廣為流傳的問卷。

3 使用各種服務輕鬆取得問卷。

Check!

內行人絕招
16 統整、比較、一覽類文章

日本人非常喜歡統整、比較、一覽類的文章，這些文章在社群網路上也常常會廣為流傳。只要你的統整、比較方式比其他文章更優質，在搜尋結果中也可能得到高排名。

Point

- 統整、比較、一覽類的文章常常在社群網路上廣為流傳。
- 編寫可望達到SEO效益的文章。
- 編寫文章需花時間。

✅ 容易瘋傳、得到高排名的理由

　　統整、比較、一覽類文章（以下簡稱「統整類文章」）常常會在社群網站上廣為流傳，原因可能與用戶「我想要以後慢慢讀」、「我先存起來，以後隨時都能看」的心理有關，也因此這類文章在**「Hatena Bookmark」**這個服務上的書籤數通常都會增加。

　　使Hatena Bookmark（以下簡稱「Hatena」）是一種書籤的社群平台，使用這項服務的人**只要註冊帳號，就可以在網路上建立自己的「我的最愛」一覽**，Hatena號稱每月用戶成長數都達到六百萬，是相當受歡迎的服務。

　　被Hatena的會員加入書籤的網頁會顯示在Hatena官方網站內，並受到會員討論。此外，用戶可以設定Twitter與Hatena連動，連動之後，加書籤時

● Hatena Bookmark

如果寫了評語，這個評語就會直接變成一則Twitter的推文。因為有這個功能，所以常常會看到一些從Hatena發端，後來引起社群網站上討論的情況。

除此之外，Hatena還有一個很大的優點，就是書籤越多，SEO效果也會越顯著。因為**每一個書籤都有反向連結的效果，所以書籤數越多相當於反向連結越多，自然具有SEO的效果**。

不過Google當然會禁止發布商在Hatena註冊多個帳號、不斷把自己的網站加入書籤之行為。

✓ 想贏過其他統整類文章就要「讓敵人失去存在的意義」

想要寫出在Hatena Bookmark、Facebook、Twitter上引起討論且得到高排名的統整類文章是有訣竅的，就是要**以量取勝，讓其他類似的統整類文章失去存在的意義**。

我下面會以敝公司的「聯盟行銷平台一覽」統整類文章進行介紹。

● 「聯盟行銷平台一覽」的統整類文章

在編寫這篇文章前，我們先以Google搜尋「聯盟行銷平台」，參考其他統整類文章的內容，結果找到「三十八個聯盟行銷平台大統整」、「嚴選十八個聯盟行銷平台統整」等相當多筆資料。

1 以「量」取勝

有的文章寫「三十八」，有的寫「十八」，每篇文章統整的聯盟行銷平台數不盡相同，於是我們決定先調查實際上到底有多少聯盟行銷平台。

搜尋結果發現總共有六十二個，只要能夠把六十二個平台全都拿來比較，我們就可能勝過搜尋結果上這些以前的統整類文章。首先採用「以量取勝」的方式是相當關鍵的。

2 以「質」取勝

接下來就來分析其他文章的內容，結果我們發現這些統整類文章有一些不足的地方，如「介紹了已經沒在運作的聯盟行銷平台」、「沒有註冊聯盟行銷平台，只憑自己的推測亂寫」、「聯盟行銷平台的特色並不明確」等等。於是我們決定註冊六十二家的聯盟行銷平台，看過所有平台上的案件，鉅細靡遺地整理出哪種案件多、哪種案件的酬勞高之後才編寫文章。

在以量取勝後也要以質取勝，如此一來各式各樣的用戶都會買單。

✅ 編寫文章意外費時，要有心理準備

很多人都會隨便編寫統整類的文章，但是想要以質與量擊垮其他網站、希望能在社群網站上轉傳、在搜尋引擎上得到高排名的話，**編寫的過程就必須投入一定的時間**。敝公司編寫聯盟行銷平台的文章時，也是先註冊、通過審查、了解平台實際情況後才開始動工，從開始到發布文章之間花了兩個星期。

統整類文章的攬客力雖然很高，但是編寫文章需要花時間，所以發布商要有心理準備。「NAVER統整」這類的網站確實很有名，所以很多人也以為「寫統整類文章易如反掌」，不過如果真的要寫出能在社群網站引發討論的文章，就必須要以質與量取勝。

1 統整類文章常常會在社群網路上廣為流傳。

2 統整類文章要以質與量擊垮敵人。

3 最好不要寫半吊子的統整類文章。

內行人絕招

17 好笑！想哭！有共鳴！的文章

讓人覺得好笑、想哭、有共鳴等等訴諸感性的文章，通常在社群網站上也會廣為流傳。雖然在退燒之後攬客數就會下滑，不過長遠來看還是可望能夠提升網站的價值。這一節就來看這類文章的實例，以及提升網站價值的原因。

Point

● 了解常常在社群網站上廣為流傳的文章有什麼特徵。
● 「好笑！」「想哭！」「有共鳴！」這三個要素很重要。
● 廣為流傳後也可能會有SEO效果。

✔ 在社群網站上廣為流傳的文章有什麼特徵？

在社群網站上，不管是好是壞，只要是**訴諸感性的文章通常都會廣為流傳**。

除了「好有趣！」「好感動！」「我懂我懂！」這種基於正面情緒的轉傳，還有一種是利用用戶「超不爽！」「不公平！」「不懂這到底是在想什麼！」之類的負面情緒讓他們轉傳，也就是所謂的「網路圍剿」。

最好的情況當然是用戶想稱讚或深有同感，出於正面情緒進行轉傳，但是實際上也有些人會為了增加點閱數，或者藉此達到SEO效果、提高網站價值，因此帶動網路圍剿的風向。

✔ 容易被轉傳的三個要素大解謎

其實要精準預測什麼文章可以廣為流傳是很困難的，根據我的經驗，有一些「這樣應該會被轉傳吧」的文章轉傳狀況卻不如預期，也有一些是「並非為了被轉傳而寫的文章」卻偶然地被轉傳了，反過來說，就算你很有自信覺得「這篇文章很棒！」，卻未必能得到預期的結果。

要事先預測結果相當困難，所以我推薦的方法是**時時追蹤Twitter、Facebook、Hatena Bookmark上的熱門主題**。

1 好笑的文章

● 自嘲哏

這類文章是以戲謔的方式分享自己的失敗經驗，自嘲哏通常是責備自己而已，所以**被圍剿風險比較小，可以增加好的同伴**。而且因為會讓人覺得「竟然有這種愚蠢的傢伙」，進一步產生想與人分享的心理，所以在Twitter和Facebook上就會有更多人分享。

● 小孩類

這類文章會以逗趣的方式介紹小孩的言行舉止，而且都是讓大人難以想像的那種，四格漫畫風等類型的**插畫文章**在Hatena Bookmark上尤其受到歡迎。

● 動物類

這類文章是分享動物做出的一些令人嘴角失守又可愛的動作，這種大多是影片、照片、gif動圖的統整類文章。

● 經驗談類

這類文章是分享過去親身經歷的有趣故事，比如說與店員的對話、上司的對話等等，如果在有趣的經驗談之外再加上些自虐哏會更好。

2 賺人熱淚的文章

● 痛苦經驗談

跨越困境的經驗分享通常都會受到歡迎，但是這類文章的焦點應該放在**我有過這種痛苦經驗，「而且我現在也在努力」**。

成功經驗很容易招人嫉妒，所以重點最好擺在你於跨越困境的同時，如今依然多有苦惱，需要更加努力。

● 溫情類

三、四十歲的用戶愛看友情、動物的親情、關心年長者的文章，而十、二十歲的用戶則愛看男女朋友間又酸又甜的體貼表現，所以可以根據自己網站的用戶性質選擇主題。

● 小孩類

表現出小孩純粹情感的文章，也常常會在社群網路上廣為流傳。小孩對父母表達感謝之意的驚喜活動也相當受歡迎，在**三、四十歲用戶比較多的Facebook和Hatena Bookmark等社群網站上較容易引起討論**。

3 感同身受的文章

● 很有感類

大阪和東京的差異、去國外留學的朋友突然受到外國人影響、虛有其表的大學生行為等等，這些主題都能夠讓人產生「超有感」的共鳴。讓人會想在Facebook和Twitter上與同溫層討論的主題，都會廣為流傳。

● 冷靜的意見

這類文章是冷靜分析一些電視上當紅的時事，之後在網路上衍生出一些「感同身受！」的意見，因而會在社群網路上廣為流傳。

比如說有政客鬧出收受不當政治獻金的問題而在電視上飽受抨擊，議會也一片混亂時，網路上常常就會流傳「這一點小錢根本不重要，在議會上應該要多討論重要的案件吧」這種冷靜的意見。

● 戀愛類

「很有感」類的文章相當受到歡迎，比如說「自以為悲劇女主角的難搞女友」或者「以為自己很有女人緣的男子會有什麼言行舉止」等等。戀愛是每個人的必經之路，所以很容易讓人覺得「很有感！」

● 工作類

在展開新生活的時期，「應屆畢業生在意的事情」、「爛上司的行徑」、「下屬令人難以置信的舉動」等與工作相關的哏就容易在Facebook、Twitter、Hatena Bookmark等諸多社群網路上引起討論。

此外，怪獸級奧客這種與顧客有關的文章相較來說也更常被轉傳，不過同樣是工作類文章，**不同世代、職業的人往往會有不同意見，所以一個不小心可能就會引發網路圍剿的現象**。

● 實驗類

這類文章是針對不同對象進行實驗與比較，並公開實驗的結果。

「比較超過三十種牙膏」這種實用的實驗，或者「比較超過五十種飲水

機」這種日常生活中用戶會相當在意卻難以自行比較的類型，在社群網站上也會更受到歡迎。

廣為流傳後得到的SEO效果與網站價值

在社群網站上廣為流傳代表的不只是短時間內會有很多人讀到而已，與此同時會**帶來SEO效果**，提升網站的價值。我前面也有推薦，各位要寫出會被轉傳的文章時可以參考社群網站上討論度高的文章，現在這裡有一個關鍵字是「**反向連結（backlink）**」。

在各個社群網路上引起討論之後，可能會連帶產生以下的效果。

- Hatena的書籤數增加。
- 被統整類網站採用。
- 被一般用戶的部落格採用。
- 被其他公司的網站介紹。

這些現象就代表**從其他網站可以反向連結到你的網站，具有SEO的效果**。

可以經由其他許多網站連結到的網站，網站整體的SEO價值會提升，你在同網站內的其他文章中操作的關鍵字相較之下也會更容易得到高排名，因此轉傳的目標並**不是放在短時間內衝高訪客數，而是轉傳後增加的反向連結數**。

內行人絕招

18 專訪類文章

專訪類文章常常是從受訪者本人的推廣開始，進而在社群網路上廣為流傳，在各個網站與部落格中成為「參考來源」、「引用來源」，變成反向連結，提升網站的SEO價值。

Point

● 願意受訪的專家意外地多。

● 專家的訪談文章可信度很高。

● 由於可信度高，因此其他網站也會建立你的反向連結。

✓ 專訪類文章例子

專訪類文章指的是**訪問「各行各業的達人」、「專家」、「持有相關證照者」寫成的文章**。

敝公司企劃的文章中，訪問聯盟行銷平台負責人「什麼樣的商品或領域比較暢銷」的文章特別受歡迎。此外，我們也去採訪老字號壯陽藥店的店員「有什麼方法可以壯陽」、有時也會採訪壽司店的老闆，推廣壽司店用餐的禮儀。

去採訪自己網站相關領域的名人、店家、企業有助於**提升網站本身的可信度**。

✓ 要怎麼訪問專家或權威人士？

1 找到受訪者的方法

● 請朋友介紹

首先最快的方法就是請朋友介紹，如果你經營的是不孕相關網站，就去訪問婦產科醫生，如果是美容網站就去找美容美體師，育兒類網站就去找托兒所老師……可以去詢問朋友或親戚有沒有認識這樣的人。

● 透過聚集許多專家的網站或服務

「專門家ProFile」這種專家雲集的平台上已有許多專家註冊，他們也都希望透過這個平台開拓合作的可能性，所以很多人都會願意接受訪問。

● 專門家ProFile

http://profile.ne.jp/

● **直接從官方網站詢問**

如果是「非這個人不可」、「雖然對方很大咖,但還是想訪問他」這樣的情況,你也可以直接從官方網站詢問。

專家和權威人士也會從事商業活動,只要你仔細說明受訪之後會有什麼好處,對方就更有可能接受訪問。

2 讓對方同意你將受訪內容撰寫成文的提議法

接下來應該要注意什麼地方,才能成功寫出一篇訪談文章呢?

❶ 自己的網站是否有吸引力

首先**刊登這則訪談文章的網站本身是否具有吸引力**,便是受訪者判斷的依據,如果這個網站有損專家的形象,就會對他往後的活動造成負面影響,因此他們應該不會接受以下這類網站的訪問。

- ● 錯誤資訊多
- ● 網站設計其醜無比
- ● 違反善良風俗

❷ 告知受訪的利益何在

接下來你必須考量對方能得到什麼好處,接受訪談的謝禮當然也算是利益,但你最好還能舉出更多額外的好處。

- 你會在自己的網站內吸引用戶，也會在官方網站附上連結，所以可以幫助招攬更多訪客。
- ○○這個關鍵字會得到高排名，可以幫助對方吸引用戶。
- ○○這個人也有受訪，可信度會上升。

若能提供以上這些金錢以外的利多，那麼自然比較容易讓對方接受你的訪問。

✓ 可望提升網站的SEO價值

專家和權威人士的訪談文章可信度比較高。由於可能會有更多各式各樣的網站和部落格參考引用，因此也有獲得反向連結的益處。

雖然增加的反向連結是那一篇訪談文章，不過也會因此連帶提升整體網站的價值，**所以你的網站會大幅進化，其他文章操作的關鍵字會更容易得到高排名**。

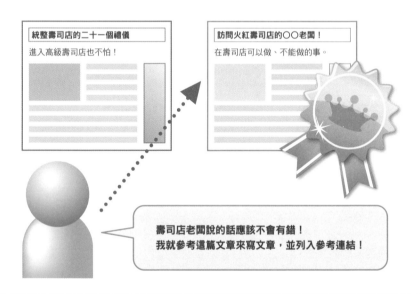

1. 專訪類文章常常會在社群網站上廣為流傳。
2. 告訴對方受訪的利益何在，成功寫出一篇訪談文章。
3. 獲得反向連結，提升網站整體的價值。

Check!

內行人絕招

19 新聞、時事類文章

討論度高的新聞或時事類文章容易衝高點閱數，而且也會在社群網站上流傳，可以加強反向連結的效果。所以發布商要隨時保持警覺，不斷更新文章。

Point

● 眾人對時事都相當感興趣。

● 與當紅話題相關的文章都很容易在社群網站上引起討論。

● 使用各種工具收集資料。

✅ 時事的爆發力非同凡響！

手遊「精靈寶可夢GO」發布的隔天，我所經營的聯盟行銷商會員服務「ALISA」舉辦了有關「Hatena Bookmark」的討論會。我授課時也和學員一起看著Hatena Bookmark的網站，網站上幾乎所有的文章都與「精靈寶可夢GO」有關。

此外，某次敝公司經營的大眾媒體，在偶像團體宣布解散的當天也同時發布了相關文章。當時為了讓更多人盡早看到這則新聞，我們花了三千日元左右在Twitter上買廣告，結果不到一分鐘就回本了。

可見**人人關心的事、震撼的新聞與時事，在網路上通常都會廣為流傳**。

✅ 容易在社群網站上轉傳、獲得反向連結

比如說電視上大幅報導「電子菸IQOS」，結果導致IQOS一根難求，此時我們發布「IQOS使用者是神，吸普通菸的人很沒用」這篇文章，就得到了超過一百五十個Hatena書籤，帶來強大的反向連結效果。

這種題材只要發揮得當就能廣為流傳，引起各個網站的熱烈討論，最後也能讓你的網站獲得許多反向連結，因此能提高網站價值。

✅ 如何找出討論度高的新聞和時事

想要以討論度高的新聞或時事為主題，關鍵在於速度與正確度，你可以根據不同需求，分別使用以下各種工具。

2

頂尖聯盟行銷商與曾任職AdSense之專家傳授的吸金法

73

● Yahoo！奇摩新聞

想要參考一般的新聞可以從這裡來看，而且對於比較重大的新聞，奇摩新聞的速度也比下列其他服務更快速。

● 統整APP

這是彙整5channel有趣討論串的APP，這個APP的消息出奇快速，所以我常常會使用。雖然在這裡看不到一般的新聞，但是可以更快知道網友之間討論度高的話題是什麼。

● 新聞類APP

這種APP廣納各種類型的新聞，相當好用，我也會參考他們的專欄文章。你也可以根據自己的需求來使用，想找一般用戶可能喜歡的題材就看smart news，想找商務相關的就看news topics。

● Twitter

即時度高，非常適合想要快速收集到資料時使用，但是錯誤訊息也很多，自家的大眾媒體要參考Twitter推文的話，最好要先檢驗資料的可信度。

● 日經MJ

日經MJ有許多「新商品」、「餐飲店相關新聞」、「網路相關新聞」、「各種排名」的新聞，這些主題相信負責網路行銷的人都不陌生，也常常來參考。

● Hatena Bookmark

不只想知道新聞，更想知道討論度高的主題是什麼時，可以參考Hatena Bookmark，當你發現某領域的文章很多，而你也寫了同個領域的文章時，就很有可能會被加書籤。

---

1 討論度高的主題容易衝高點閱數。

2 容易在社群網站上轉傳，反向連結的效果也很高。

3 透過各種工具收集資料。

Check!

內行人絕招 20 藝人、名人類文章

藝人、名人的名字常常都會有人在搜尋，尤其是初次上節目的人，他們的
節目在播出時更能一口氣衝高文章的點閱數，而且他們的知名度比較低，
所以很容易透過SEO行銷得到高排名。

Point

● 利用搜尋量總是很高的名字來吸引用戶。

● 透過還不是很紅的名人姓名得到高排名。

● 不要毀謗任何人。

✓ 總是會有人在搜尋藝人和名人

總是會有人搜尋上了節目的名人，而且在他們上的連續劇或綜藝節目播
出期間，點閱數更會大幅成長。因此只要能透過**他們的名字得到高排名的
話，就能衝高點閱數**。

不過 內行人絕招10 與 內行人絕招11 中也說明過了，這種網站內容與解決
重大煩惱無關，也不是在介紹某個專門領域，所以AdSense廣告的點閱率會
略遜一籌，但是因為文章點閱數高，所以還是有編寫的價值。

✓ 透過首次上節目的人名得到高排名的方法

如果是家喻戶曉的名人，由於競爭者眾，大概很難突然就得到高排名，
因此比較簡單的方法是選擇**首次上電視或廣播節目的人**。你可能會覺得「我
要怎麼查根本還沒上過節目的人」，但其實要查到這樣的資訊意外簡單。

其中一個方法是**Twitter**。很多藝人都會用Twitter，而且也會發文宣傳自
己上節目的事，所以很容易找到，發布商可以三不五時在Twitter內搜尋「首
次收錄」、「首次出演」、「第一次上電視」等詞。

尤其很多藝人都會透過Twitter宣傳自己初次上節目的消息，如果對方是
比較沒有名氣的藝人或名人，你可以介紹他們是什麼樣的人，這種情況下由
於競爭對手少，因此也比較容易得到高排名。

● 藝人的Twitter範例

愛美　　　@sample_manami

「偶像情報站」的錄影結束了～
第一次錄影讓我很緊張，
幸好有知名的搞笑藝人山田太郎不斷幫助我
節目預定在這個月27日星期二晚上0時20分播出！

大家要看喔～！！

✓ 搭配多個關鍵字也容易招攬訪客

　　相反地，即便是**廣為人知的名人，若能善用複合關鍵字的話也可以取得高排名**，而且他們的搜尋量都很大。

　　以下就是經常有人搜尋的複合關鍵字，「○○」是人名。

「○○ 連續劇」	「○○ 連續劇名」	「○○ 電影」
「○○ 圖片」	「○○ 影片」	「○○ 髮型」
「○○ 身高」	「○○ 體重」	「○○ 化妝」

　　不過把這些關鍵字放進網站的時候，切忌侵犯隱私或中傷對方。

1 經常會有人在搜尋藝人的名字。

2 調查首次上節目的藝人、名人。

3 即便對象是知名度高的人，也可以用複合關鍵字得到高排名。

Check!

內行人絕招

21 節目類文章

電視上討論的養生法、減重法、食材、商品等主題在短時間內就會有很高的點閱數，如果能確保這個時候的網站顯示為高排名，自然就可以衝高點閱數。要怎麼做才能在節目播出前就讓文章得到高排名呢？

Point

● 電視節目的力量會大幅影響搜尋數。

● 在播出前就有辦法寫出文章。

● 透過 Google 模擬器即時建立索引。

✅ 「kibi醋」實例

「kibi醋」是一種醋，基本上很少有人會搜尋這個關鍵詞，但在電視播出後，搜尋數立刻衝高到令人難以置信的地步。

● 從Google搜尋趨勢上看關鍵字「kibi醋」

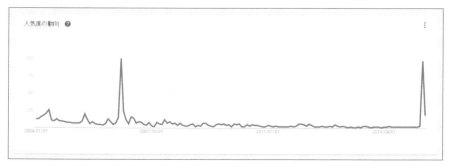

● 從Google關鍵字規劃工具上看關鍵字「kibi醋」

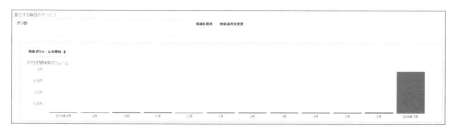

看到上圖，相信各位都可以發現在節目播出後，kibi醋的搜尋量就竄升了。2006年電視上介紹kibi醋「適合減肥」，2016年則介紹為「能夠長壽的祕訣」，2016年的搜尋量平常每月只有一千次左右，但是節目播出後就竄升到每月四萬五千次。

✅ 開播前就得到高排名的方法

如果是電視節目的話，你可以先閱讀節目介紹，在開播前就對節目內容有一定的了解，也可以事先編寫文章。現在除了報章雜誌之外，網路上也能看到節目介紹，可以免費取得。

讀過節目介紹之後，如果發現了有趣的主題就可以先寫好文章，事先備戰。

✅ 即時讓Google建立索引的方法

如果希望有人在Google上搜尋時就會跳出自己的文章，必須讓**Google知道自己的網站上有新的文章**。Google機器人執行的上述這一連串工作就是「**建立索引**」。

就算你準備充足、迅速編寫了文章，如果Google沒有建立索引，這篇文章依然無法得到高排名。乾等Google機器人發現你的更新，可能會平白造成你的損失，所以要記得自行手動建立索引。

此時你可以使用**Google網站管理員內的工具「Google 模擬器」**。

● Google模擬器（Fetch as Google）

通常我們必須等Google機器人檢索到新發布的文章才能建立索引，但是使用Google模擬器就**可以告訴Google「我已經新增文章了，快點發現並且替我排名」**。

● Google模擬器的用法

步驟一 點選「資訊主頁」裡「檢索」的「Google模擬器」。

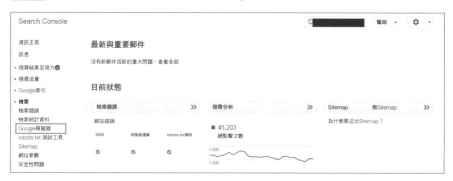

步驟二 輸入網址按下「擷取」。

步驟三 要求建立索引。

雖然不能說是百分之百，不過用了模擬器就能讓Google更快建立索引。

> 1 電視節目播出後的威力驚人。
> 2 善用節目介紹，讓文章在開播前就得到高排名。
> 3 透過Google模擬器讓Google即時建立索引。

Check!

內行人絕招

22 好的文章也要有好的標題

前幾節談的都是文章的具體內容，可若這些文章內容有趣、標題卻不吸引人的話，恐怕也很難吸引用戶。

Point

● 文章標題會決定你的文章有沒有人要讀。

● 下標題時也不要忘記SEO技法。

● 參考應用法則，讓標題更吸引人！

✔ 為什麼標題不吸引人就難以吸引用戶？

用戶會根據標題自行判斷內容是否有趣、有沒有用、是不是自己想找的資料。也就是說不管文章內容多好，只要標題不吸引人，被讀到的機會就會驟減。

不管是SEO行銷或社群行銷都相同，用戶在使用搜尋引擎的時候也不會照排名依序點擊，用戶會依靠標題判斷是否要點擊瀏覽。

✔ 採用SEO行銷就要把關鍵字加入標題

採用SEO行銷的時候，要記得把想操作的關鍵字加進文章標題中，也就是說SEO行銷的標題不但要包含想操作的關鍵字，並且要有吸引力，必須符合這兩個條件。

對初學者來說，要同時達到這兩個條件並不容易。所以可以分開來思考，我就先用以下的基本結構來談談標題。

● 「想得到高排名的關鍵字」+「｜（直線）」+「文案」

· 減重｜我在兩星期內成功減重五公斤的五個方法

· 交友APP｜剩男剩女一年內成功結婚，他們推薦的五個交友APP

· 飲水機｜哪一款飲水機的水最適合沖泡嬰兒奶粉？

文章標題的基本三法則

基本1 不要超過三十四個字

Google、奇摩等搜尋引擎的搜尋結果一覽，都只會顯示各網站標題的前三十四個字。但是太短又不醒目，所以建議**要超過二十八個字，並且盡量逼近但不超過三十四個字**。

> **例** ✕ 推薦的交友APP
> ○ 嚴選12款你應該下載的交友APP！真心想結婚的人走過路過別錯過！

基本2 加入關鍵字

正如我剛才所說，**標題中沒有想操作的關鍵字，你的文章就無法得到高排名**，所以要特別留意。

> **例** ✕ 既然想要結婚，就要多花心思主動出擊，尋找你的心儀對象！
> ○ 邁向你的幸福婚姻生活！先從聯誼活動＆大型交友派對締結良緣！

基本3 設定「網頁描述」

在SEO行銷當中，**網頁描述**與文章標題同等重要。網頁描述是**在搜尋結果一覽中顯示出來的文章概要**。

網頁描述通常都會顯示兩到三行，不過寫三行會更醒目。在電腦上，一百到一百二十個字左右就會變成三行，不過在手機上只會顯示五十個字，所以你主打的文案最好放在前五十個字。

只不過，即便我們自己設定了網頁描述，偶爾還是會被Google自行更改。

● 網頁描述範例

> 株式会社Smartaleck: WEBマーケティングのHERO　12 users
> www.smartaleck.co.jp/ ▾
> ---
> WEBマーケティングのHEROは株式会社**Smartaleck**(スマートアレック)が運営するWEBマーケティングディレクション会社です。企業様の規模に関わらずWEBに関するマーケティング・広告業務を一括で請負い、HERO関連企業と共に必ず最終目標を達成するディレクション会社です。

讓標題更吸睛的六大法則

接下來，我要介紹讓文章標題更吸睛的法則，根據這些法則來下標就會更輕鬆。

法則1 使用具體的數字

這是從以前就常常在用的手法，最近有點落入窠臼的感覺，不過數字可以強化「這是經過統整的資訊」之印象，所以還是很值得一試。

> **具體例子**
> - 減重：我在兩星期內成功減重五公斤的五個方法
> - 幫你擊退臭死人不償命的口臭 嚴選十種我最愛的牙膏
> - 票選前十名！最希望男朋友、女朋友擦的香水

法則2 使用括號強調

這個手法也相當常用，而且還是能達到很高的點閱率。

> **具體例子**
> - 【統整】我的體質嚴重偏寒！ 為了克服這個問題，我三年來每天都在做這些事
> - 明天就可以派上用場！讓你談妥合約的商務信件書寫範例！【保存版】
> - 【小心慎入】浴室到處發霉 用了五罐除霉劑把浴室打掃得亮晶晶

法則3 鎖定目標受眾

與其籠統地使用「除痘護理法」這種標題，不如根據文章內容鎖定目標受眾，這樣更能抓住用戶的心。

> **具體例子**
> - 教你如何護理三十歲以後的成年座瘡，成因果然還是……
> - 【四十至五十歲限定】想處理突然來襲的乾燥肌膚問題，這篇文章必讀
> - 三歲以下小孩的媽媽必讀，雙語帶小孩法

法則4 恫嚇

恫嚇法利用的則是人類的心理，我們在收集資料時如果看到一些令人心驚膽顫的標題，就會不由自主地想點開來看。

> **具體例子**
> - 沒做到這點，一生都是月球表面！你知道痘痘護理的正確方式嗎？
> - 胖子搶著學！這樣減肥，保證不復胖！
> - 用你原本的護髮方法絕對長不出頭髮！正確的養髮五招大公開

法則5 加進個人想法

「經驗分享」類的文章通常都很受歡迎，比如說最近很流行IG，我們可以看到很多時候個人的意見都會受到重視，所以多在標題中加入「我」也會很吸睛。

> **具體例子**
> - 我用了什麼方法在一個月內減重十公斤，並且與喜歡的女孩交往【統整】
> - 想與大家分享使用痘痘化妝品A之後，我個人的感想
> - 我應屆考上東京大學！我的讀書法非常簡單，想與大家分享

法則6 逆向操作

有些人會覺得「要實現這個就要這樣做」、「做了那個當然會對健康不好」，所以用出其不意的標題會相當有效。

> **具體例子**
> - 一天吃六餐卻在兩個月內瘦了五公斤，我的經驗分享
> - 夏日恢復體力的方法就是一整天待在冷氣房？為什麼有這麼令人震驚的方法？
> - 明明絲毫沒有考慮到利益，卻大賺了一筆的經驗分享

以上六大法則，全是敝公司經營的網站在下文章標題時會遵守的。符合這些法則的文章都會比較多人點閱瀏覽，所以請各位也務必試試看。

> **Check!**
> 1 用戶是從標題判斷是否要讀這篇文章。
> 2 考慮SEO效果，把關鍵字放進標題中。
> 3 了解各種法則，想出吸睛的標題。

內行人絕招 23 如何寫出易讀、有人讀、瀏覽量多的文章

AdSense的收益是依點擊來計算的，不過瀏覽量多通常收益也會越多，因此用戶覺得好讀，也願意讀這個網站中的各種文章的話，收益就會越來越高。

Point

- 謹記「易讀性」。
- 改變文字的樣式或加入插圖，以簡單易懂的方式解說。
- 同時介紹其他篇文章，增加瀏覽量。

✔ 與聯盟行銷平台不同的著重點是關鍵

使用聯盟行銷平台的聯盟行銷商要讓用戶購買商品才會有收益，因此他們必須在文章中明確說明自己想推銷的商品有什麼優點。

但是AdSense廣告只要有人點擊就會得到收益，所以不需要推銷商品。但是如果想提高被點擊的機率，**關鍵就在於**每個用戶看了多少篇文章，也就是說**在網站內逗留多久**。

因此你要提醒自己寫出「易讀的文章」、「讓人想讀的文章」，想辦法讓用戶願意瀏覽各式各樣的文章。

✔ 基本 採用不易讓人讀到累的格式

畢業論文或研究報告的重點在於內容豐富度、實驗結果、研究成果等等，但是瀏覽我們文章的是一般用戶。

不管多優質的內容，如果很難讀或者讀起來很辛苦的話，用戶就不會讀到最後，也不會想讀其他文章。

1 每句換行、區隔出不同段落

基本上**每一句話都要換行、每一段都要隔開**，就算句子很長，只要把文章分段落就會變得很好讀。

> ✕ **錯誤例子**
>
> 我們都看不到自己的背部，所以常常會疏於保養，但是其實背部常常會被看到。雖然背部與服裝和髮型也有關，不過其實在各種情境下都會有人看到你的背，包括路上走在你後面的人、結帳排在你後面的人、站在你後面的人。
>
> 就算你穿不露背裝、放下頭髮，你的背部姿勢還是會透露很多訊息。
> 因此這次，本文統整了背部保養的方法。

> ◯ **正確例子**
>
> 我們都看不到自己的背部，所以常常會疏於保養，但是其實背部常常會被看到。
>
> 雖然背部與服裝和髮型也有關，不過其實在各種情境下都會有人看到你的背，包括路上走在你後面的人、結帳排在你後面的人、站在你後面的人。
>
> 就算你穿不露背裝、放下頭髮，你的背部姿勢還是會透露很多訊息。
> 因此這次，本文統整了背部保養的方法。

2 條列式

　　文章中如果有列舉數點的地方，可以改用條列式呈現，條列式通常會更易讀。

> 我們都看不到自己的背部，所以常常會疏於保養，
> 但是其實背部常常會被看到。
>
> 雖然背部與服裝和髮型也有關，
> 不過其實在各種情境下都會有人看到你的背，包括：
>
> ● 路上走在你後面的人
> ● 結帳排在你後面的人
> ● 站在你後面的人。

3 確實檢查手機上是否正確顯示

如果平時只從電腦上修改文章和段落，那麼改由從手機看時，偶爾就會發生單字占一行的情況，這時建議在不改變文意的情況下刪增字數，讓文章更容易閱讀。

> 只要喝下Surratokiriri，煩惱就會迎刃而解！
>
> 體寒也是水腫的起因之一，喝了就能告別體寒！
>
> 還能有美肌效果！

✅ 應用 讓用戶想讀更多的巧思

1 文字樣式不要太誇張

在重點的地方改用紅字或者畫底線可以讓人更易讀，但文字樣式、字級大小、底線這些細部調整如果調的太誇張，反而會讓人搞不清楚重點是什麼。

● 樣式太誇張的範例

> 我們都看不到自己的背部，
>
> 所以常常會疏於保養，<u>但是其實背部常常會被看到</u>。
>
> 雖然背部與服裝和髮型也有關，

2 適時搭配圖片或插圖

沒有任何圖片或插圖，全都是文字的文章很容易越讀越累。在文中加入一些相關圖片、讓用戶推測接下來要討論什麼話題的圖片，就可以讓文章更好讀。

● 好用的素材網站

> ● ぱくたそ（https://www.pakutaso.com/）
> ● photo AC（https://www.photo-ac.com/）
> ● ソザイング（http://sozaing.com/）
> ● GIRLY DROP（https://girlydrop.com/）

3 內部連結可以增加單次瀏覽量

如果有相關連的文章可以盡量都貼上內部連結，這麼做有SEO效果，也能有效增加平均瀏覽頁數。

在文章的最後附上「相關文章」就是一個有用的做法，敝公司平均瀏覽頁數最多的情況，就是提及其他文章並貼出內部連結的文章。

● 有效的內部連結範例

乳酸菌は腸内の環境を整えてくれるので、オススメです。

とくに忙しい現代の食生活では乳酸菌をしっかりととれていないことも考えられます。

もし乳酸菌をしっかりと摂取したいと思った方は当サイトの以下の記事もオススメです。

> ——————————————
> ■乳酸菌が含まれている食べ物一覧をまとめました
> http://abcdefg.com/nyuusankin
> ——————————————

ではなぜ乳酸菌は腸内の環境を整えてくれるのでしょうか？

それは乳酸菌が善玉菌のエサになってくれるからなんです。

4 文中只有插圖或漫畫也無妨

文章內容未必一定要有文字，AdSense不是聯盟行銷，發布商也不需要推銷商品，所以自由度很高。比如說除了文字之外，還可以透過以下各種方式呈現內容。

● 整理Twitter上有趣的推文	● 照片集
● 整理YouTube的影片	● 插畫集
● 整理IG的發文	● 四格漫畫

---

1 寫出易讀的文章，讓用戶願意讀下去。

2 可以透過圖片、插圖或文字樣式，讓文章更易讀。

3 增加網站的平均瀏覽頁數，提升整體瀏覽量。

Check!

24 透過SEO行銷攬客

與以前相比，SEO行銷已經簡單了許多，這一節會針對「非做不可的事」
與「**讓目標關鍵字得到高排名的方法**」這兩點說明。

Point

● 掌握用戶搜尋關鍵字的意圖是最大關鍵。

● 編寫滿足搜尋意圖的文章。

● 腳踏實地提升網站的價值！

✓ 適合SEO行銷的內容

從 內行人絕招 13 來說，「解決問題類文章」在奇摩、Google等搜尋引擎
最容易得到高排名，因為**經過整理、提供高度客觀資訊的網頁，本來就容易
在Google搜尋結果中得到高排名**。

反過來說，只有主觀訊息的網頁雖然別具特色，乍看之下也很吸引人，
可是通常不會受到Google演算法的歡迎。

✓ 首先要理解高排名的關鍵字

1 選擇關鍵字

首先你需要決定**在搜尋引擎中，你希望用哪個關鍵字得到高排名**。要是
在決定文章內容前，沒有「這篇文章就是要靠這個關鍵字衝高排名」的明確
意圖，那麼衝排名其實不太容易。

就這層意義來說，如果你本來是以部落客的身分寫自己想寫的東西，可
能會覺得很綁手綁腳。

2 理解用戶搜尋這個關鍵字的意圖

就像我剛剛所提的，你要先決定目標關鍵字再編寫文章，但是你還必須
明白「為什麼這個關鍵字會被搜尋」，你寫的文章必須**滿足這個搜尋意圖**。
舉例來說，「懷孕 錢」這組關鍵字的搜尋意圖，可能有以下兩種。

❶ 懷孕需要花的錢（檢查、住院、準備生產的用品等費用）大概是多少？

❷ 懷孕後能得到的補助（生產補助、育嬰津貼）是多少？

　　你要先明白用戶疑惑的是「❶懷孕需要花的錢」還是「❷懷孕後能得到的補助」，**你寫出的文章才會是用戶想知道的，也才有辦法得到高排名**。

❸ 查明關鍵字的搜尋意圖

　　Google基本上都是靠「滿足搜尋意圖的順序」來決定排名，所以只要看**Google搜尋結果的前二十篇文章，就能理解搜尋意圖**。

　　剛剛我舉的「懷孕 錢」的搜尋意圖就是個很有趣的例子，2015年十二月左右，「懷孕 錢」排名前十的都是「懷孕後能得到的補助」的文章，但是現在可以看到「補助」和「花費」兩種文章。

搜尋意圖有時候也會隨時間改變。

✅ 如何寫出滿足搜尋意圖的文章？

❶ 讓競爭者的網站失去存在意義

　　也就是說你寫出的文章，最好**能夠讓用戶省下看前二十篇文章的工夫。**「**看完我的這篇文章，就能滿足你的搜尋意圖」**。

　　這樣一來，就能對Google展現出「敝公司的文章比前二十名的文章都優質」的企圖，也就更容易滿足得到高排名的條件。

② 滿足120%的搜尋意圖

有時候你也能寫出超越前二十名文章的內容。

舉例而言「發胖 原因」這組關鍵字的搜尋意圖是「為什麼會發胖？我想知道原因！」，於是你會想到「調查發胖原因的人了解發胖原因後，會不會想知道減肥方法」，在文章中就寫出「瘦身方法」、「減重方法」等等。

如果能做到這一步，**你提供的內容，就能比用戶透過這個關鍵字想搜尋到的更多**，也就更容易得到高排名。

③ 文章標題和內文中一定要加進你想操作的關鍵字

即便你寫出了滿足搜尋意圖的完美文章，**在文章標題中（正式的名稱為「title標籤」）和內文中若沒放進你想操作的關鍵字，依然不會得到高排名**。需要注意的有以下兩點。

❶有沒有在全文從頭到尾都適度加入關鍵字

對Google表達「這篇文章前後連貫都在討論○○喔」是很重要的事。

❷有沒有用成關鍵字的相近詞

比如說你想操作的明明是「美容院 如何選」這組關鍵字，你在內文中使用的詞卻不是「美容院」而是「美髮沙龍」。

這種錯誤不同於誤植，既不突兀、文意也通，所以很難察覺，需要特別注意。

✅ 長文容易得到高排名是真的嗎？

只要曾經稍微學過SEO行銷的人，都可能聽說「最近長文容易得到高排名」的傳言。

不過傳言是不正確的，不是「長文容易得到高排名」，而是**想要滿足搜尋意圖超過100%的文章自然會是長文**。

如果沒有理解箇中差異，你就會陷入「我要增加文章量」→「與搜尋意圖無關的無謂文章變多」→「無法得到高排名」這種負面循環。

✓ 提升網站整體的SEO價值

正如我前面所說的，每篇文章都用心寫的話，每篇文章都極有可能透過你操作的關鍵字得到高排名，如果有的文章用的是簡單的關鍵字，應該能在初期階段就得到高排名吧。

此外，即便你在一篇文章中操作的關鍵字最初只能得到排名三十到五十，但之後隨著網站價值的提升，文章的排名通常也會漸漸上升。

● 網站價值提升的主因

● **引用網站的連結增加**
・在Yahoo奇摩知識+等問答網站上，有人回答問題時把你的網站列入參考連結。
・被NAVER統整等策展網站引用。
・大型大眾媒體把你的文章列入參考連結。
● **網域年齡增加**
・網站運作的時間越長，Google的評價越高。
● **在社群網站等地方引起討論，反向連結增加**
・Hatena Bookmark上的書籤數變多。
・在5channel統整等地方引起討論。
● **個人部落格的反向連結增加**
・「這篇文章寫得好」等介紹的連結增加。

如上所列，越多大眾媒體或網路服務介紹自己的部落格或網站，網站的SEO價值就會越高，這樣的結果也會反映在搜尋結果的排名上。

✓ 時時追蹤排名

好像有很多人都對於自己的文章排名沒有什麼興趣，如果你是採取社群行銷的部落客，那麼其實沒什麼問題。不過若你採取的是SEO行銷的話，就必須要**時時追蹤自己文章操作的目標關鍵字「排名第幾，會以什麼方式提升排名」**。

這個時候，我會推薦各位使用「GRC」這個工具。只要購買每年五千到兩萬五千日元的方案就可以使用，雖是付費工具，但相當便利又好用，推薦各位務必使用。

查詢排名的工具有非常多種，而GRC的優點就在於「正確性」與「查詢速度」，我現在在追蹤的關鍵字有將近六千個，所以需要花費大約半天的時間，不過如果只有幾百個的話，只要三十分鐘左右就能查完排名了。

● GRC搜尋排名查詢畫面

検索語	Yahoo.	Yahoo変化	Yahoo件数 ▲	Goo.	G変化	Google件数	ステータス
ビタミンc ニキビ悪化	1		308,000	1		409,000	チェック済み
ニキビ パプリカ	1		80,000	1		80,000	
テアニン ニキビ	1		58,600	1		58,900	チェック済み
ニキビ カリフラワー	1		50,500	1		50,600	チェック済み
クロレラ ニキビ	1		94,500	1		94,500	チェック済み
ニキビ クロレラ	1	↗1	94,900	1	↗1	94,900	Yahoo:2→1, Google:2→1
クロレラ ニキビ 効果	1		61,600	1		61,600	チェック済み
ニキビ 手術	1	↗1	690,000	2		559,000	Yahoo:2→1
キウイ種子	2		258,000	2		258,000	
キウイ種子エキス	2		30,900	2		30,900	チェック済み
ビタミンc 大量摂取 ニキビ	2		196,000	2	↗1	196,000	Google:3→2
テアニン 妊娠中	2		61,200	2		61,200	チェック済み
ビタミンe ニキビ跡	2		228,000	2		211,000	チェック済み
ニキビ跡 ビタミンe	2		195,000	2		230,000	
グレープフルーツ ニキビ	2	↗1	367,000	2	↗1	367,000	Yahoo:3→2, Google:3→2
ニキビに効くフルーツ	2	↗1	260,000	2	↗1	260,000	Yahoo:3→2, Google:3→2
ニキビ 紅茶	2		393,000	2		393,000	
紅茶 ニキビ	2		393,000	2		393,000	
テアニン 一日摂取量	2		31,500	2		31,600	チェック済み

http://seopro.jp/grc/

1 首先要決定關鍵字，查明搜尋意圖。

2 寫出滿足搜尋意圖的文章。

3 掌握自己所需最低限度的SEO知識。

Check!

內行人絕招
25 透過Hatena Bookmark攬客

無論是要提升網站的SEO價值，或在社群網站中掀起一波討論，Hatena Bookmark都是個重要的平台。Facebook和Twitter都是相當引人注目的社群網站，不過在經營大眾媒體的人，也不能錯過Hatena Bookmark。

Point

● 有時候討論度是從Hatena Bookmark擴及到社群網站的。

● 透過Twitter可以更有效率地獲得用戶的書籤數。

● 書籤數增加，網站價值也會提升。

✅ Hatena Bookmark是什麼？

Hatena Bookmark的用戶可以把喜歡的網路文章或網站加入書籤，只要登入服務，從手機或電腦上都可以看到自己加過書籤的網站。

而且你也可以看到其他用戶的書籤，只要看看興趣與自己相近的人加了什麼書籤，就能更有效率地獲得新網站資訊或新消息，相當便利。

✅ 從Hatena Bookmark引起社群網站上的討論

許多用戶都會透過Hatena Bookmark把各種網站和文章加入書籤。

只要一個網站或文章有了第一個人加入書籤，在一定期間內又獲得了三個書籤，就會列入「新進網站」中，獲得十個書籤就會進入「人氣網站」，獲得五十個就會進入「熱門網站」分類，登上綜合排行榜。

※關於上述的機制，有時候只獲得三個書籤也會進入「人氣網站」，所以上述的條件未必隨時隨地皆準。此外，官方並沒有公開表示「一定期間內」是多久，根據筆者進行的實驗，有一次是在23時56分前得到三個書籤，並進入了「新進網站」中。

✅ 引起討論的重要方法

上面提到了「一定期間內」這個條件，通常一定期間指的並非三天或一週，而是大約在一天之內，期間很短。也就是說**你要一口氣吸引用戶到你的網站，一口氣增加書籤數**。

敝公司所採取的方法，就是透過Twitter一口氣吸引眾多用戶。我們對有追隨「Hatena Bookmark」Twitter官方帳號的用戶放送Twitter廣告，Hatena Bookmark官推的追隨者，有很高機率也是Hatena Bookmark的用戶，所以我們鎖定這群人放送廣告，就能更有效得到書籤。

而且Hatena Bookmark可以與Twitter連動，也有「**在Twitter上發布帶有連結的貼文就會自動加入書籤**」這種功能，光是用戶在Twitter上發布有連結的貼文，你的書籤數也會增加。

● Hatena Bookmark 設定書籤的畫面

✅ 增加書籤，提高網站的價值

首先你的目標，可以設定為在Twitter上獲得最初的三個書籤，進入「新進網站」，等收集到五十個，就能在綜合頁面曝光，Hatena Bookmark也會在官方Twitter上替你的網站發文，你的書籤數會一口氣增加。

而且書籤數增加後的好處還不是只有吸引更多用戶而已，**每個書籤都有反向連結的效果，所以網站的SEO價值也會提高**。書籤數越多，網站價值越高，網站內的各種文章也都會更容易得到高排名。

2016年九月，Google更新了企鵝4.0演算法，雖然Hatena Bookmark的連結價值有因此稍微減少，但還是有很強大的反向連結效果。

※企鵝演算法更新指的是Google搜尋引擎機制的變更，Google有「企鵝更新」和「熊貓更新」，
　前者有關反向連結，後者有關網站內容。

✅ Hatena Bookmark的禁忌

我剛剛已經提到Hatena Bookmark具有傑出的攬客效果了，不過可能有人會覺得「只要自己加自己三次書籤不就好了嗎」，但實際上事情並沒有這麼簡單。

你一個人建立三個帳戶加三次書籤，是逃不過演算法的法眼的，而且走這種旁門左道的大眾媒體可能會導致「無法顯示在Hatena Bookmark」的下場，所以作弊是一大禁忌。

1 很多風潮的起點是Hatena Bookmark。

2 Hatena Bookmark也有SEO效果。

3 不能自己加自己書籤。

Check!

內行人絕招
26 透過Facebook攬客

Facebook也是個用戶很多的社群網站，所以要善用Facebook粉絲專頁增加粉絲，網站一有更新就要發布文章、衝高點閱數。

Point

- 透過親朋好友增加Facebook粉絲專頁的按讚人數。
- 聚集一批Facebook的粉絲後，這就是個強而有力的攬客管道。
- 買廣告可以更有效率地增加粉絲。

✅ 首先動員自己的朋友

架設起以AdSense為獲利管道的網站之後，便可以**建立一個與網站連動的Facebook粉絲專頁**。一開始經營粉絲專頁時沒有什麼人會來按讚，應該會相當冷清。

此時你可以請各路親朋好友替你按讚，盡速營造出「熱絡」感，如果一開始粉絲專頁就能有二十到一百人來按讚，這樣的成果已經算很亮眼了。

✅ 為粉絲專頁打廣告，獲得更多粉絲

如果你個人沒在用Facebook的話，可以善用Facebook打廣告，從下圖頁面宣傳自己的粉絲專頁得到「讚」。

而且Facebook也可以根據以下條件做細節的篩選，讓你可以鎖定目標，自己決定「我想要什麼樣的人來按讚」。

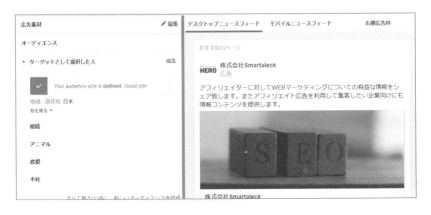

● 性別	● 居住區域
● 年齡	● 興趣、嗜好

　　Facebook的廣告預算是一天一百日圓起跳，所以就算預算不高也可以打廣告。先在粉絲專頁獲得更多讚、更多粉絲，以後你的網站一有更新就先在粉絲專頁上發文，這些貼文便會顯示在按讚粉絲的動態時報上，達到招攬訪客的效果。

✅ 為「貼文」打廣告獲得「讚」

　　基本上網站文章有更新的時候，都要在粉絲專頁上宣傳。此時，也可以為通知粉絲有更新文章的貼文在Facebook上打廣告。

　　敝公司經營網站的時候，每次發布新文章時就會在粉絲專頁上通知，這類的貼文也大多會用兩百到一千日圓的預算打廣告。

✅ 用戶的反應會呈現在數字上

　　自己寫的文章好壞很難自行判斷，但是在Facebook發文打廣告的話，就會發現每篇文章的反應各有不同，令人相當吃驚。

　　比如說假設有兩則預算兩百日圓的廣告，A的文章只有一個讚，B的文章卻有十二個讚，你就可以看出粉絲的真實反應。你在編寫文章時，也可以參考「讚」的數量。

1 建立Facebook粉絲專頁拉攏粉絲。
2 為貼文打廣告獲得讚。
3 把讚的數量當作編寫文章的參考。

Check!

內行人絕招

27 透過Twitter攬客

Twitter的跟隨者人數一旦增加，就很容易引起 內行人絕招25 中提過的瘋傳現象，而且每次更新文章時點閱數也會穩定成長，很適合當作一個招攬訪客的管道。

Point

- ●跟隨者眾多的話就不愁要如何招攬訪客了。
- ●文章可能透過社群網站廣為流傳。
- ●打廣告可以更有效率地增加跟隨者人數。

✔ 較吸引跟隨者的內容

我前面介紹過許多類型的文章，其中天天更新以下幾種文章的Twitter帳號通常會有更多人跟隨。

- ●統整、比較、一覽類文章。
- ●有趣！想哭！有共鳴！文章。
- ●新聞或時事類文章。

Twitter確實是個「發文」的平台，但是**意外地很多人都「只看不發」**。

其實這種只看不發的人通常都是在透過動態時報取得新消息，也就是說他們**把Twitter當作所謂的「新聞APP」在使用**。

✔ 吸引跟隨者的四大技巧

1 積極與跟隨者互動，建立推文容易被轉推的關係

Twitter用戶當然也不全是只看不發的人，很多人看到喜歡的推文還是會按「喜歡」或轉推。

在用戶採取這些行動的時候，你可以回應致謝「謝謝你的轉推！」「我讀了你的回文」等等，用戶對文章內容有疑問、提問、意見等等的時候，你如果能仔細回應，用戶也會相當開心。

2 反跟隨可以吸引更多跟隨者

有人跟隨你的帳號時，你也可以跟隨他的帳號，這是個很重要的步驟。

很多人都會覺得自己的帳戶跟隨者多才有價值，所以如果你逐一反跟隨每個跟隨者，用戶就會覺得「跟隨這個帳戶自己也會被反跟隨＝自己跟隨者會變多」，讓用戶更想跟隨你。

3 不要洗版

你的推文如果太多，用戶的動態時報就會被你的推文洗版，希望廣而淺地掌握新消息的Twitter用戶應該不會樂見洗別人版的帳戶，他們可能會取消跟隨，最壞的情況還可能封鎖你。所以要提醒自己**以較少次數高效率地提供消息**，這種帳戶對跟隨者來說才是有意義的。

● 推薦發文的時間和大致的發文數

- ●上班時間七點～九點時發三～五篇推文
- ●午休時間十一點～十三點發三～五篇推文
- ●返家尖峰時間十七點～十九點發三～五篇推文

4 善用打廣告的功能

Twitter的推文可以打廣告，所以在剛開始經營Twitter、跟隨者人數還不太多的時候，或者在有重大通知之前，你可以**技術性地增加跟隨者人數**。Twitter的廣告有以下兩種。

- ●YAHOO! JAPAN promotion 廣告（https://promotionalads.yahoo.co.jp/）
- ●Twitter廣告（https://twitter.com/）

打了廣告之後要追蹤一下支出與效益（基本上就是跟隨者人數），以後經營Twitter時可以加以參考。

---

1 建立一個網站專用的Twitter帳戶。

2 耐心與用戶互動。

3 善用Twitter的廣告。

Check!

內行人絕招

28 透過新聞稿攬客

前面介紹的社群網站攬客方法都比較簡單而受歡迎，這一節要來介紹的是如何透過新聞稿招攬訪客。個人發布商可能比較不熟悉新聞稿這種東西，不過只要有其他大眾媒體採用你的新聞稿，你發布的消息也能確實傳播出去。

Point

- 公司行號經營的大眾媒體可以善用新聞稿。
- 新聞稿被各種大眾媒體採用的話，網站可信度也會提升。
- 新聞稿比想像中更便宜。

✔ 什麼是新聞稿？

新聞稿（press release，press＝報社、出版社，廣義的媒體業；release＝發布）就是字面上的意思：「發布新聞所用的稿子」，在企業、團體、店家要介紹自家產品、發布通知或投資人關係（investor relations）資訊時都可以使用。

新聞稿通常**都會是公司行號發布的，而且會需要提供發布商資訊**，如果你希望能以公司行號的名義經營大眾媒體，就一定要多加利用。

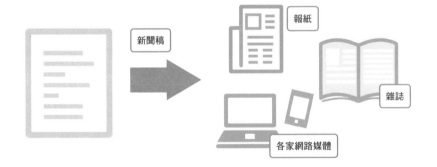

✔ 認知度的提升與品牌的建立

前面介紹的SEO行銷應該是網站經營的基礎，不過新聞稿還有一個重要的意義，就是**建立品牌（branding）的效果。**

如果藉由新聞稿讓其他的大眾媒體介紹到自己的網站，你的網站就會更有可信度。在確立一個大眾媒體的品牌後，你的攬客情況也能更穩定。而且其他大眾媒體刊登你的網站，代表你的反向連結也會增加，可能會有間接的SEO效果。

✅ 好便宜！推薦的新聞稿公司

　　接下來會介紹我實際在使用的新聞稿服務，他們都不是需要耗費十幾萬日圓的服務，只要幾萬日圓就能發布新聞稿，非常建議各位使用。

● 推薦的服務之一

Dream News
支付月費一萬日圓，每個月就可以不限次數
發布新聞稿，許多網站都真的會從這裡取材
並刊登出來，適合在你想要對許多網路媒體
發布消息時使用。
https://www.dreamnews.jp/

● 推薦的服務之二

@Press
每次花三萬日圓就可以使用，相較之下比較
容易會有各種網站來取材並介紹，所以很推
薦。
https://www.atpress.ne.jp/

1 經營網站的人可以嘗試發布新聞稿。

2 提升網站的認知度，得到各種大眾媒體的反向連結。

3 只要相對便宜的價格就可以發布新聞稿。

Check!

內行人絕招 29

能做的都做了之後，你的網站就會成為磁石

用心充實網站的內容、在社群網站或搜尋引擎中得到高排名之後，你的攬客情況就會變得很穩定。只要你每個步驟都是以「提升點閱數」為目標，你的點閱數自然就會成長。

Point

● 透過SEO行銷大力攬客。

● 社群行銷的攬客也很重要。

● 再次複習 內行人絕招24 ～ 內行人絕招29 。

✓ 想方設法衝高點閱數

只要做好在 內行人絕招24 提過的「SEO行銷」，**就會有更多人透過從搜尋引擎搜尋關鍵字的方式點閱進入你的網站。**

來自搜尋引擎的點閱數。
只要做好SEO行銷，
每個月光是來自搜尋引擎的
點閱數就高達數十萬。

	客戶開發		
	工作階段 ↓	新工作階段	新使用者
	495,501 總計：100.00% (495,501)	86.06% 資料檢視平均值：86.00% (0.06%)	426,412 總計：100.06% (426,152)
1. Organic Search	415,590 (83.87%)	86.40%	359,049 (84.20%)
2. Direct	35,602 (7.19%)	83.53%	29,738 (6.97%)
3. Referral	24,142 (4.87%)	87.47%	21,117 (4.95%)
4. Social	20,119 (4.06%)	81.84%	16,466 (3.86%)
5. (Other)	48 (0.01%)	87.50%	42 (0.01%)

✓ 讓各種網站介紹你

我經營的大眾媒體不但會用SEO行銷，也會隨時發布一些 內行人絕招13 提到的，在社群網站上容易轉傳的文章，所以Hatena Bookmark的書籤量也一直在增加。

如下一頁的截圖所示，反向連結的總數量54,117之中，來自Hatena Bookmark的反向連結就占了53,086，當然如果以網域別來看，也可以發現我的反向連結來自各種網站。

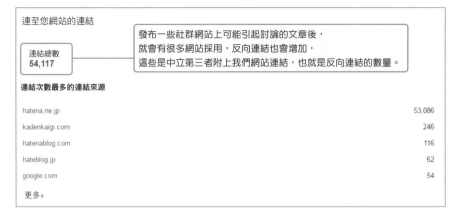

連至您網站的連結

連結總數
54,117

發布一些社群網站上可能引起討論的文章後，
就會有很多網站採用，反向連結也會增加，
這些是中立第三者附上我們網站連結，也就是反向連結的數量。

連結次數最多的連結來源

hatena.ne.jp	53,086
kadenkaigi.com	246
hatenablog.com	116
hateblog.jp	62
google.com	54

更多»

✅ 在AdSense上，穩定的點閱數就能帶來穩定的收益

聯盟行銷會受到流行趨勢的影響，使得酬勞也會上下劇烈起伏。

而AdSense雖然會有小幅的增減，但是收益額基本上不會有什麼劇烈變化。而且AdSense上「這個商品不能再做聯盟行銷了」、「入冬後飲水機就不賣了」等等的風險非常小，所以相當吸引人。

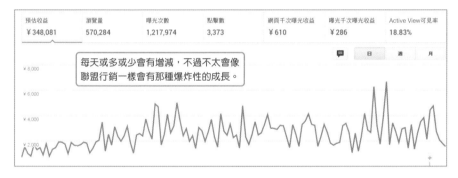

預估收益	瀏覽量	曝光次數	點擊數	網頁千次曝光收益	曝光千次曝光收益	Active View可見率
￥348,081	570,284	1,217,974	3,373	￥610	￥286	18.83%

每天或多或少會有增減，不過不太會像
聯盟行銷一樣會有那種爆炸性的成長。

1️⃣ AdSense的優點就是只要攬客成功，收益就會成長。

2️⃣ AdSense少有一般聯盟行銷那樣劇烈的收益起伏。

3️⃣ 點閱數穩定，收益也會穩定。

內行人絕招

30 目標點擊率是0.5%

「點擊率」是提升AdSense收益時相當重要的參考指標之一。使用AdSense的話，只要廣告被點擊就能獲得收益，因此提升點擊率，收益自然也會成長。一般來說點擊率平均是多少呢？如果想在AdSense獲利又應設定多少為目標？

Point

● AdSense的平均點擊率是0.2%。
● 了解聯盟行銷與AdSense的差異。
● 一開始先把目標設為點擊率0.5%。

✔ AdSense的平均點擊率

如果想要提升AdSense的收益，就一定要知道一項收益的參考標準，就是**AdSense的平均點擊率（點擊數÷曝光次數）。AdSense的平均點擊率不分網站領域計算的話是0.2%**（2015年日本市場的數據）。

0.2%代表大約五百人中會有一個人點擊，如果是由大企業經營、每月會有數千萬瀏覽量的網站，光是有這樣的點擊率也足以獲利。但是個人管理的網站或規模比較小的公司經營的網站，若點擊率只有0.2%，要獲利並不容易。

✔ AdSense和聯盟行銷的差異

網站的獲利管道除了有AdSense，還有聯盟行銷，不過AdSense和聯盟行銷的特色各不相同。

聯盟行銷的酬勞比較高，只要瀏覽用戶的興趣與該網站的內容高度相關，即便月瀏覽量只有一萬次，還是有很多網站可以在一個月內賺到一百萬日元左右。因此有些網站優先採用聯盟行銷反而會比用AdSense收益更高，依網站內容而異。

● 成效報表 >「總覽」分頁

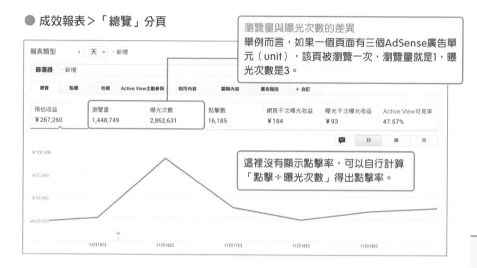

瀏覽量與曝光次數的差異
舉例而言，如果一個頁面有三個AdSense廣告單元（unit），該頁被瀏覽一次，瀏覽量就是1，曝光次數是3。

這裡沒有顯示點擊率，可以自行計算「點擊÷曝光次數」得出點擊率。

● 成效報表 >「點擊」分頁

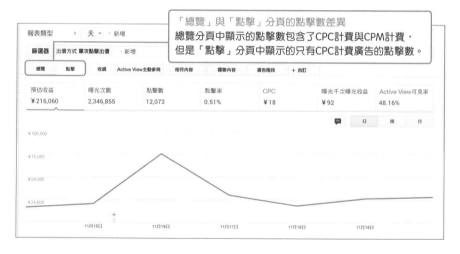

「總覽」與「點擊」分頁的點擊數差異
總覽分頁中顯示的點擊數包含了CPC計費與CPM計費，但是「點擊」分頁中顯示的只有CPC計費廣告的點擊數。

　　然而採用聯盟行銷就要面對「不能隨心所欲寫宣傳商品以外的事」、「競爭激烈，很難吸引用戶」等難關。

　　我在下一頁統整了AdSense和聯盟行銷的特徵，我也建議各位根據兩者的特徵選擇自己適合的一方，或者兩者都嘗試。如果你經營多個網站，也可以為不同網站選用不同服務。

105

● AdSense和聯盟行銷的差異

AdSense	聯盟行銷
點擊率並不高	點擊率高
想要獲利就要有一定的瀏覽量	主題很固定，所以只要有一定的用戶關注，就算瀏覽量很低也可以獲利
只要不違反AdSense政策，想寫什麼都可以	基本上只能寫自己要宣傳的商品
不像聯盟行銷一樣競爭激烈，雖然不同領域還是有差，不過比較容易衝高瀏覽量	競爭激烈，很難衝高瀏覽量

✔ 目標是達到點擊率0.5%

如果你的網站主題明確，來訪的用戶中，對這個網站感興趣的用戶比例也會更高，再加上如果有更多AdSense放送的廣告與用戶興趣相符，你的點擊率就有可能提升。

首先把**目標設定為點擊率0.5%**，也就是平均點擊率0.2%的兩倍左右。接著再把網站處理的主題繼續縮小，來訪的用戶之中，對文章內容感興趣的比例應該又會更高。

但是反過來說，你可能會陷入來訪用戶數沒有成長、網站瀏覽量萎靡不振的窘境中，所以在使用AdSense的時候**不要過度追求點擊率，結果過度限縮主題導致瀏覽量變少，同時經營數個點擊率0.5%的網站會更理想**。

▶ 點擊率 2%　◉ 瀏覽量2萬　<　▶ 點擊率 0.5%　◉瀏覽量10萬 ×3

31 經常被點擊的廣告位置與廣告種類

想要提升網站的收益，就要選擇能讓用戶看見、想要去點擊的廣告位置和尺寸。位置和尺寸對於點擊率的影響相當大，要確實掌握這些特徵才能提升收益。

Point

- ● 廣告要設置在用戶花最多時間看的位置。
- ● 文章底下的點擊率也很高。
- ● 善加利用這一節建議的廣告尺寸。

✓ 影響點擊率的因素

影響AdSense點擊率的因素大致上有兩個。

第一個是**廣告的「位置」**，第二個是**決定廣告大小的「尺寸」**。將廣告嵌入網站時只要善加調整這兩個因素，就可以提升AdSense的點擊率。

✓ ❶「位置」：越上方點擊率越高？

AdSense的位置原則上都是在網站的越上方點擊率越高，但是這個原則無法套用到所有的情況。

舉例來說，在部落格這種有文章的頁面中，**AdSense廣告在文章下方的點擊率通常會高於文章上方**。這可能是因為很多日本人會由上往下依序瀏覽一個網站，也因此，在文章的下方設置AdSense，已經是讓點擊率提升的一個鐵則了。

此外，也不是說只要隨便把廣告設置在上方就能夠一勞永逸。比如說我們會看到有的網站在網站名和網站logo右方的空間設置廣告，但是由於廣告位置太上面，用戶一捲動頁面，廣告就消失到畫面之外，結果導致點擊人數更少。

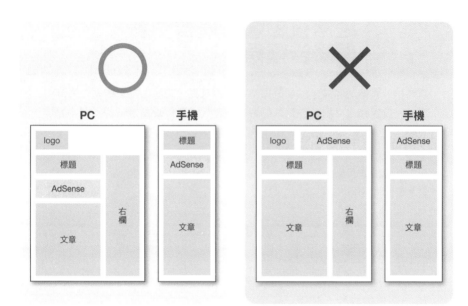

✅ ❷「尺寸」：廣告的種類與點擊率

　　如果從點擊率來看廣告的種類，可以發現通常尺寸越大的廣告就越容易被點擊。AdSense可以設定直向、矩形、橫向等形狀、尺寸各異的各種廣告單元，在各種形狀中，點擊率特別高的是以下幾種尺寸。

> ● 直向：160×600
> ● 矩形：300×250、336×280
> ● 橫向：728×90

● 直向：160×600　　● 矩形：336×280

● 橫向：728×90

● 橫向（手機）：320×100

　　手機的廣告也有這種傾向，比如說同樣是寬320像素的廣告，320×100廣告的點擊率就比320×50的更高。

　　AdSense廣告的種類和位置並不複雜，這一節介紹了容易被點擊的廣告種類，只要把這些廣告設置在用戶容易看到的位置，點擊率自然就會成長。

內行人絕招

32 設置手機AdSense的技巧

最近隨著智慧型手機的普及，網頁流量的性質也漸漸產生了變化。與過去相比，電腦網頁的點閱數比例減少，而手機網頁的點閱數卻增加了，想必這樣的變化在未來應該會更顯著，所以發布商在研擬策略的時候，也必須要確實掌握手機用戶的習性。

Point

● 在可能的範圍內設置最多的廣告。

● 文章的上中下都要設置廣告。

● 設置廣告的時候要注意不能違規。

✓ 基本策略

現在一般來說，手機網站的AdSense單次點擊出價會比電腦網站的低。

但是**從網站流量來看，手機網站的點閱數比例漸漸超越了電腦網站**。雖然不同領域的網站會有差異，不過一般來說手機網站的瀏覽量已經漸漸比電腦網站更多了。

因此往後在考量如何提升AdSense收益的時候，也必須**「透過大量的瀏覽量獲得收益」**或**「選擇能夠提升手機網站點擊率的方式設置廣告，藉此獲得收益」**。往後發布商在擬定策略時，必須更重視手機的用戶體驗。

1 設置超過三個廣告

能夠有效增加點擊數的其中一個方法就是**增加廣告單元的數量**。

Google自2016年九月起已經不再限制單一頁面內可以設定的廣告單元數量，雖然實際上還是要看文章的量再決定，不過最好在可能的範圍內盡量多設置一些廣告單元，基本上要超過三個。

此時的訣竅在於要怎麼設置這些廣告單元才會有用戶去點擊。

2 設置廣告的訣竅是「上」、「中」、「下」！

● **不要太上面**

廣告設置在網站越上方越有可能進入用戶的視線，也因此就越可能會被點擊，但是**在手機網站設置廣告還有一個重點，就是不要把廣告設置在太上方**，因為用戶常常會滑動手機畫面，廣告很快就會滑到畫面之外。

● 第一畫面（above the fold）設一個廣告

在不需要移動捲軸就會看到的「第一畫面」中最好能設一個廣告，但是也不是說只要設在第一畫面就一勞永逸了，**建議找出點擊率比較高的標題，直接設在標題的正下方**。

● 文章下方也要設廣告

電腦網站和手機網站同樣都有一個點擊率比較高的位置：**文章下方**，除了這個位置，如果文章很長的話，**設個廣告在文章的分隔處（改變話題的地方）也很有效**。

相反地，如果文章不長，那麼就可以在**第一畫面、文章下方和頁腳（footer）各設一個廣告**。

此外，在設置廣告時還有一點要注意，AdSense針對手機網站的政策中，有一條規定**手機的一個畫面內不能顯示兩個AdSense**，所以頁腳的廣告可以設在相關文章與新文章之間，以免太靠近文章下方設的那個廣告。

● 在手機網頁設置廣告的範例

【大掃除】超機密技巧13招一舉公開

贊助商連結

AdSense　320×100

1. 掃除的基本概念是要由上到下
□□□□■□□□□■□□□□■□□□□■
□□□□■□□□□■

2. 用了報紙後轉眼之間……
□□□□■□□□□■□□□□■
□□□□■□□□□■□□□□■□□□□■
□□□□■□□□□■

贊助商連結

AdSense
300×250 or 336×280

3. 使用小蘇打粉打掃……
□□□□■□□□□■□□□□■□□□□■
□□□□■□□□□■
□□□□■

4. 總結
□□□□■□□□□■□□□□■
□□□□■□□□□■

贊助商連結

AdSense
300×250 or 336×280

111

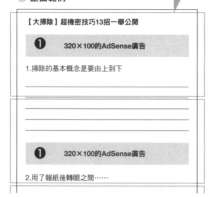

○ 正面範例

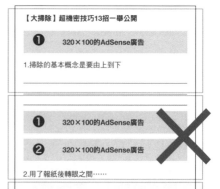

✕ 負面範例

✅ 廣告尺寸

　　名為「中矩形廣告（medium rectangle）」的300×250廣告在電腦和手機網站上的點閱率都非常高，所以可以多多設在文章下方、文章之中與頁腳等地方。

　　只是如果把300×250這種中矩形廣告設在第一畫面，這又是個手機網站，你就有可能違反AdSense的政策。如果要放在**第一畫面的話還是320×100的橫向廣告為佳**。

✕ 負面範例

✅ 活用新推出的廣告

Google在2011年左右起就開始說「mobile first」了，這句話就是「手機優先」的意思，可見Google早就已經開始在智慧型手機上投注心力了。

Google現在**開發新產品或服務的時候都會優先考量是否適合智慧型手機使用**，AdSense也不例外，雖然AdSense已經有各式各樣的功能，Google依然繼續在開發適用於手機網站的廣告。

以最近發布的廣告來說，固定顯示在手機網站頁腳的**錨定廣告（重疊廣告）**，以及數次中會有一次全螢幕顯示的**插頁式廣告**等等，這些網頁層級（page-level）的廣告服務都是適用於手機網站的廣告，你可以多多善用這些廣告提升點擊率。

不過Google發布的不盡然都是好的，這些廣告嚴格來說，算是犧牲用戶體驗換取收益的廣告類型，與其他的廣告網絡，或供應商平台（SSP）提供的同類廣告相比，有時候收益、放送設定等地方也會比較遜色，所以你要先有這層認知，再判斷選用什麼樣的廣告類型比較適合自己的網站。

● 錨定廣告

● 插頁式廣告

1 提升手機網站上的點擊率是很重要的。

2 不要在頁面最上方設置廣告，注意兩個廣告之間不要太靠近。

3 電腦和手機網頁上都可以盡量多使用300×250的中矩形廣告。

內行人絕招 33　設置電腦AdSense的技巧

隨著手機的普及，電腦網站的瀏覽量也越來越少，但是在科技、經營、不動產與投資理財等領域，電腦網站的瀏覽量還是相當多，而且電腦網站AdSense的單次點擊出價通常還是比手機網站高，所以不只是手機網站，電腦網站也要好好優化。

Point

● 電腦網站要設比手機網站更多的廣告，並且利用政策變更的時候提升收益。

● 要注意active view，每個滑動的畫面都要有AdSense。

● 最能獲利的文章區域下方要設置多一點廣告。

 ## 基本策略

1 廣告要設超過四個

影響AdSense曝光次數的因素就是**網站瀏覽量和一個頁面中嵌入了幾個廣告單元**，當然就算把AdSense廣告單元設在點擊率明顯很低的地方，也不可能提升收益。雖然廣告比文章內容多會違規，不過現在比以前更容易增加AdSense的曝光次數了，所以盡可能設置更多的廣告單元吧。

2 廣告要設在適當的位置

● 不要過度集中

一個頁面如果要設四個AdSense廣告單元的話，那麼最好別把全部的廣告集中在同一個畫面之內，雖說政策已經變了，但設置過多廣告依然是違規的，所以要適當地分散廣告，**最理想的方式就是每次滾動頁面就能看到一個或兩個AdSense廣告單元**。

● 放在用戶會看到的地方

除了主要欄位，右欄也要記得設置廣告單元，可以鎖定用戶比較會停下來看的地方，在這一區的上下處設置。尤其日本的用戶喜歡看排行榜，想必新文章或排行榜上下的點擊率也會比較高。也不要忘了透過更換廣告的位置後active view和點擊率的改變，來檢視各個位置的效益。

3 文章下方是重頭戲

● 文章下方廣告要夠多

文章下方的點擊率通常會比較高，所以可以在這裡**並排設置兩個廣告單元**，這是一個頁面內最賺的位置，應該要多設廣告，同時也要注意廣告和文章之間的距離不要太開。

● 文章中間也可以安插廣告

文章如果很長，可以在以下的**文章分隔處設置廣告**。

> ● 內容改變的地方
> ● 標題上方
> ● 如果有分摘要和細節，就放在這兩者之間

電腦網頁和手機網頁一樣，如果在標題下方放廣告會收到違規警告，所以要小心。

✅ 廣告尺寸

● 多使用點擊率高的廣告尺寸

我個人推薦的廣告尺寸是300×250、以及336×280、728×90、160×600這四種。現在電腦螢幕越來越大，網頁也越來越寬，發布商已經可以在電腦網站上設置收益性更高的廣告了。

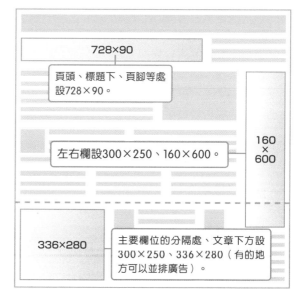

728×90

頁頭、標題下、頁腳等處設728×90。

160×600

左右欄設300×250、160×600。

336×280

主要欄位的分隔處、文章下方設300×250、336×280（有的地方可以並排廣告）。

● 嘗試新尺寸的廣告

在AdSense中，300×600、970×90、970×250是比較新的廣告尺寸，這三種都是面積很大的廣告單元，Google之所以會推出這些尺寸，其中一個原因就是**Google希望更多想要建立品牌的廣告商委登廣告**。

所謂的以建立品牌為目的，指的是商品、服務的買入或申請，亦即該公司刊登廣告時，不是以獲得利益為目的，而是為了提升品牌或企業的認知度。這種企業通常都有意把原本用來打電視廣告、登報的費用節省下來，改投網路廣告。

想要建立品牌的話，廣告商就會**希望能有大面積、active view多的廣告空間**。從廣告的種類來看，廣告商要的不只是AdSense上主流的多媒體廣告（display ads），也想要令人印象深刻的影片廣告。

不過新廣告尺寸在發布之後暫時都不會有太多廣告量，畢竟才剛發布不久，有嵌入新尺寸廣告的網站少，廣告商自然也會比較少。

現在大尺寸的300×600點擊率比300×250高，於是也有更多廣告商委登，單次點擊出價跟著變高，因此300×600的千次曝光收益會與300×250不相上下，在某些網站中甚至前者更高。

如果970×90能夠橫向貫穿整個網站的話，我也很推薦各位使用。**在這個廣告空間還可以放送728×90的廣告，能夠大小通吃。**

970×250是名為「看板廣告」的最新廣告單元，廣告商則視之為最適合提升品牌認知度的廣告類型。

舉例來說，在YouTube首頁頂端顯示的廣告就是這種尺寸，Google之外的廣告網絡中，這個尺寸也最常賣給需要建立品牌的廣告商，目前AdSense這種尺寸的廣告量有限，不過後勢看漲。

---

① 了解電腦網站的趨勢、增加AdSense的廣告單元。

② 設置廣告時要注意是否每次滑動頁面都能看到廣告。

③ 文章下方要設置兩個廣告單元。

④ 嘗試使用新推出的尺寸。

Check!

內行人絕招
34 了解什麼是點擊率高的廣告

提升AdSense收益的一大關鍵在於提升手機網站的點擊率。AdSense的廣告單元大致有三種形狀，每種形狀都有尺寸各異的數種廣告單元可以選用，廣告單元的尺寸會造成點擊率的差異嗎？發布商都應該注意這些差異，並把廣告設到更能獲利的位置。

Point

● 無論如何，大尺寸的廣告都更有助於獲利。

● 使用大面積廣告比較能夠放送各種類的廣告。

● 了解橫向、直向、矩形廣告中最推薦的尺寸各是哪些。

✓ 點擊率基本上會因廣告單元的大小而異

除了設置的位置，**廣告單元的尺寸也會影響點擊率**。因為只要從不同尺寸來分析廣告，就可以發現基本上尺寸越大的廣告單元，點擊率通常也越高。

AdSense上的廣告單元大致上可分為「橫向」、「矩形」、「直向」三種，上述尺寸與點擊率的關係，從每個形狀來看都是吻合的，因此可以**盡量選擇尺寸最大**的廣告單元設置在網站上。

1 更常放送出單次點擊出價高的廣告

Google從2013年就推出了新功能，也就是「即便委登的廣告尺寸比廣告單元的尺寸更小，只要收益性高，就優先選在這個廣告單元放送」這種機制。

● 允許/封鎖廣告 > 我的所有網站 > 廣告放送 > 多媒體廣告

多媒體廣告
✔　大小相近的多媒體廣告-顯示已配合廣告單元尺寸調整且大小相近的多媒體廣告。？
✔　加強型互動式多媒體廣告-在互動式多媒體廣告上顯示成效加強功能。？
✔　互動式多媒體動畫廣告-顯示互動式多媒體動畫廣告。？
✔　可展開式廣告-在使用者進行特定操作後，顯示超過廣告單元大小的廣告。？

AdSense已經經過版本更新，就算廣告尺寸比你設置的廣告單元更大，Google也可以先進行影像處理，調整後才刊登。

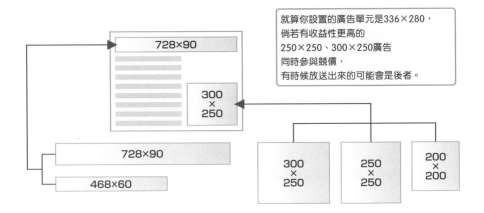

也就是說，若**設置大面積的廣告，就更有可能放送更多的廣告**。目前的 AdSense會讓多種尺寸的廣告同時參與一個廣告單元的競價，所以如果你設置更大尺寸的廣告單元，不只點擊率會提升，單次點擊出價的收益也可望提升。

2 廣告商也喜愛大尺寸的廣告

AdSense每種形狀的廣告單元都有數種尺寸可以選來放送廣告，不過委登廣告的廣告商愛用的尺寸基本上都固定了，**小尺寸的廣告已經退流行**，所以從結果來說，小尺寸廣告空間的競價情況已經不怎麼活絡了。

✅ 推薦的廣告尺寸

1 橫向廣告

首先是橫向廣告，橫向廣告有以下三種廣告單元可以選擇。

- 468×60
- 728×90
- 970×90

我想推薦各位使用**728×90、970×90**這兩種廣告單元，因為這兩種的點擊率高。

以點擊率來比較這兩種尺寸的廣告單元，會發現728×90的點擊率高出468×60大約兩倍，手機網站用的廣告單元也相同，在320×50、320×100這兩種可以選用的廣告中，**點擊率比較高的是320×100**。廣告商愛用大尺寸廣告單元的程度，也是其他尺寸望塵莫及的。

2 矩形廣告

　　雖然有小尺寸如200×200可以選，但是**矩形廣告中點擊率較高的也是300×250、338×280這種大尺寸的廣告單元。**

　　300×250是網路廣告最常使用的尺寸，對廣告商來說，這個尺寸代表能讓他們放送廣告的網站也最多，所以他們也很愛選用。

3 直向廣告

　　直向廣告有120×600、160×600這兩種尺寸可以選，兩種都是長600的廣告單元，但是直向廣告也是更寬的**160×600點擊率更高。**

　　俗話說大可容小，AdSense廣告與點擊率的關係也正是如此。光是只考量廣告商的喜好，你也會發現設置更大尺寸的廣告單元，其實對雙方都有益處。

1 廣告單元的尺寸越大，點擊率就越高。

2 設置大尺寸廣告之後，就更有可能放送單次點擊出價高的廣告。

3 廣告商偏好的也是大尺寸的廣告單元。

內行人絕招

35 顯示高單價廣告的方法

廣告的單次點擊出價是決定AdSense收益的重要因素，單次點擊的價錢高，AdSense的收益自然也會看漲。發布商能夠做些什麼來提高單次點擊出價呢？發布商要了解自己能做與不能做的事，努力締造最大化的收益。

Point

● 單價在某些時期可能會因為廣告商或Google的內部因素而上漲。

● 發布商最好設定讓各種廣告都能放送。

● 提升點擊的品質才能提高單次點擊出價。

✓ 競價機制

AdSense的收益可以用下列算式計算得出。

曝光數（廣告顯示的次數）× 點擊率 × 單次點擊出價

AdSense的「曝光數（廣告顯示的次數）」、「點擊率」、「單次點擊出價」相乘可以得出AdSense的收益，因此看這個算式就知道**廣告的單次點擊出價也是提升AdSense收益的重要因素**。而單次點擊出價是由廣告商的競價活動訂出的，單價最高的廣告就會被放送。

也就是說，**參加競價的廣告商越多，單價就會越高**。

1 廣告商內部的預算考量也會讓單次點擊出價上漲！

長期使用AdSense就會發現，每季的單次點擊出價都會有波動，這也是競價的結果。廣告商每個月的委登情形都不盡相同，委登廣告特別多的時期，競價也會更熱絡，單價就會上漲；相反地，如果委登的情況不盡理想，單次點擊出價也會下滑。

日本的競價最熱絡、單價波動最劇烈的時期是三月和十二月，因為委登廣告的是日本企業，多數日本企業的年度都是從四月算到隔年三月，尤其年度末的三月是消化預算的時期，廣告商的數量也會增加，再加上廣告商剩下的廣告預算還綽綽有餘，於是競價通常就會更熱絡，單次點擊出價也會更高。

十二月則是搭上了年底商家的搶錢潮，所以歷年的單次點擊出價到這個時期都會上漲，許多廣告商，特別是電子商務類的廣告商，都會搶在用戶購買慾最強的時期投入廣告預算。

2 Google內部因素也可能讓單次點擊出價上漲！

在六月和九月這種會計季末的時期，單次點擊出價也會比較容易上漲，Google每季都會結算，處理委登廣告的業務團隊也都會有每季的業績目標，他們每到季末就會對廣告商提出各種建議，吸引廣告商拿出廣告預算，以求能達成業績目標。

也因此，季末的競價活動會特別熱絡，單次點擊出價也更容易上漲。相反地，上漲後的反動會出現在**一、四、七和十月，這幾個月的單次點擊出價通常都會下滑**。

AdSense還有一個算式可以用來計算收益。

> 曝光數（廣告顯示的次數）×RPM ÷ 1,000

RPM在AdSense的管理畫面中顯示為「千次曝光收益」，這個指標是用來表示廣告曝光一千次可獲得的收益，代表的是這個網站的收益性，當然數字越大代表收益性越佳，而廣告商透過AdWords所委登的廣告，就會在AdSense上刊登。

廣告商可以選擇的計費方式包括以下兩種：

> ● CPC（點擊）計費
> 每次廣告被點擊，廣告商就要支付廣告費，只要被點擊，發布商就會有收益進帳。
> ● CPM（曝光）計費
> 無論有無點擊，只要廣告曝光就要支付廣告費，以廣告每曝光一千次要付多少錢來計算。

✅ 避免單價下滑的方法

在影響單次點擊出價的因素之中，最具影響力的，就是廣告商的**委登情況**。講誇張一點，廣告商大量委登單價就會上漲，反之則會下滑。

廣告單元的數量有限，所以我明白發布商希望只放送高價廣告的心情，不過**實際上你無法只顯示出高價的廣告，也無法自由控制要顯示什麼廣告**。

但是發布商至少還是可以盡力避免放送的廣告單價下滑。

1 不要過度篩選網站連結

篩選網站連結就代表限縮可以參加競價的廣告商。想必發布商都有不想在自己的網站上刊出的廣告，但是從結果來說，篩選過頭就會讓單價下滑。

雖然某些情況下當然還是需要篩選連結，比如說不想在自家網站上刊登競爭網站的廣告等等，不過篩選的連結最好能少則少。

2 設定放送文字廣告和多媒體廣告

廣告單元可以做「只登文字廣告（text ads）」、「只登多媒體廣告」與「登文字廣告與多媒體廣告」這三種放送的設定。若是從提高單價的角度來看，最有利的就是**設定成「登文字廣告與多媒體廣告」**。

可以放送的廣告種類越多，參與競價的廣告商也會更多，競價活動變活絡的可能性就更高。

● AdSense建立廣告畫面

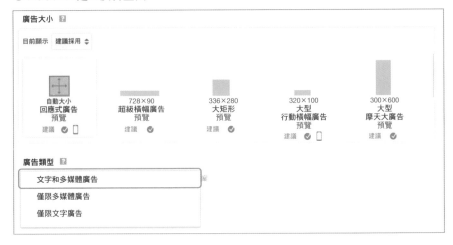

3 多使用廣告量多的廣告尺寸

2018年一月時，AdSense日本用的尺寸已經有十八種之多，種類相當豐富，不過其實廣告商常用的大致上都是固定的：**矩形常用300×250、橫向常用728×90**，除了AdSense之外，其他廣告網絡的廣告商也很常使用這兩種普通的尺寸。

多使用眾多廣告商選擇的尺寸，參加競價的廣告商（廣告量）也會比較多，從結果來看也就能讓競價更熱絡，更有可能提高單價。

4 留意廣告單元的位置

AdSense中有智慧定價（smart pricing）的功能可以減輕廣告商的負擔，廣告商遇到**廣告單元或AdSense帳戶是有很多績效差的劣質點擊時，智慧定價這個功能就會自動調降單次點擊出價**。

廣告商透過AdWords委登廣告的時候會設定單次點擊的最高金額（最高單次點擊出價），就算設定的是一百日圓，如果該網站的點擊品質非常差，那麼AdSense的智慧定價也會自動把單價調降成五十日圓。

- ●廣告和網站選單的連結過近。
- ●廣告和網站內容的顏色相近，讓人誤以為廣告是網站內容。

尤其是上述這種廣告單元的設置方式很容易引發誤擊，應該要避免。

又如下頁的例子，廣告過於融入網頁整體的設計時，點擊率確實可能會上升，但是單價卻會下滑，總地來看只會有反效果，所以就算想讓廣告融入網頁中也記得要「適可而止」。

● 難以判別文章和廣告差異的例子

左邊兩格是網站內容，右邊的是廣告。

✅ 多使用AdManager（原名為DFP）

　　Google其實一直有提供一個適合中級以上的發布商使用的平台，那就是「AdManager」廣告放送平台。

　　通常設置了AdSense的廣告單元後就只能放送AdSense的廣告，但是如果**透過AdManager設置了廣告空間，就可以從AdManager放送AdSense和其他廣告網絡的廣告**。你可以根據過去的績效，在AdManager上針對其他廣告網絡設定金額：「在這個網站放送這個公司的廣告時，顯示平均○○元左右的CPM廣告」。

　　另一方面，因為AdManager和AdSense是屬於Google的服務，所以在AdManager上可以即時掌握AdSense的CPM，只要你發揮這項優勢，就可以優先放送其他廣告網絡和AdSense中CPM更高的廣告。比起只放送AdSense的廣告，採取這個做法有更多的機會顯示單價更高的廣告，所以也有人因此能獲利更多。

Check!

1 AdSense單次點擊出價的波動，可能與廣告商和Google的結算時期有關。

2 雖然發布商無法提高單次點擊出價，但是可以設法避免單價下滑。

3 透過AdManager建立廣告空間，就能讓AdSense與其他廣告網絡一起競爭。

內行人絕招 36

如何限定顯示
與網站高度相關的廣告？

在網站上只放送與網站高度相關的廣告，是一種提升點擊率的有效方法。
但是實際上真的有辦法控制要顯示什麼廣告嗎？如果不希望弄巧成拙得到
反效果，就要先摸透AdSense的廣告放送機制。

Point

- 了解廣告放送的機制。
- 基本上沒辦法指定放送與網站相關的廣告。
- Google會放送用戶感興趣的廣告。

✓ 三種指定法

於2018年一月時，在AdSense放送的廣告有三種指定法。

1 內容比對（contextual targeting）

內容比對是比對廣告與設置AdSense廣告空間的網站，**自動放送與網站
內容相符的廣告**。舉例來說，賣痘痘產品的網站，就會放送痘痘保養品的廣
告。

這是AdSense服務2003年啟用時就採用的指定法，到現在2018年也還
在使用。

2 指定刊登位置（placement targeting）

指定刊登位置是廣告商自行指定網域，選擇要在什麼網站放送廣告。舉
例來說，販賣痘痘保養品的企業可以指定「我要在痘痘.com這個網站上放送
網告」。

3 個人化廣告（personalized advertising）

最新也最盛行的指定法則是**個人化廣告**，以前稱為「按照興趣顯示廣告
（interest-based advertising）」，名稱雖然變了，但是內容是相同的。這
種指定法是**追蹤初次造訪發布商網站的用戶有什麼興趣嗜好，或者追蹤曾經
造訪過這個廣告商網站的用戶後續有什麼行為，並選擇放送的廣告**，也就是
說不是指定要在哪個網站放送，而是指定要對哪個用戶放送。

2

頂尖聯盟行銷商與曾任職AdSense之專家
傳授的吸金法

125

「二度行銷（retargeting）」這類用語也適用於個人化廣告這個範疇。二度行銷這種機制就是如果有個看了很多痘痘相關網站的用戶，就算現在他看的是旅遊網站，只要網站中設置了AdSense，這個AdSense的廣告空間便會放送痘痘相關廣告。

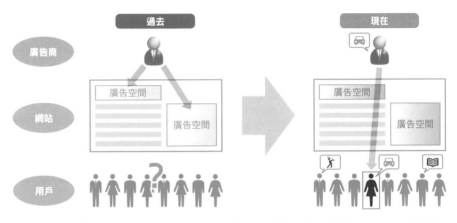

個人化廣告的內容雖然與網站文章沒有關聯，但是卻符合用戶的興趣與嗜好。雖然每個網站的情況各異，不過很多網站超過一半的收益都是來自個人化廣告，而且這個比例年年都在攀升。

由此可見，在AdSense等網路廣告的世界裡，過去指定的對象是「網站」這樣的「空間」，現在已經**漸漸變成「用戶」這樣的「人物」**了。

✅ 從過去的放送機制理解現在的趨勢

在開始放送個人化廣告之前，內容比對類的廣告占全體收益的比例非常高，Google也有「**區段定向**（section targeting）」這種機制，讓指定結果更精準。

區段定向指的就是**在指定AdSense廣告時，透過標籤（tag）指明要讓AdSense 檢索器（crawler，即網路爬蟲）抓取網頁的哪一部分來比對AdSense廣告**。

在文章內容比較少的頁面中，AdSense檢索器（即AdSense爬蟲程式）會抓取到頁首、選單欄等與文章沒有直接關係的訊息，導致指定的結果比較不準確，因此發布商可以指明要檢索器抓取的內容。

不過隨著AdSense檢索器準確度的提升，區段定向這個功能也被廢除了。

這種時候就不該拘泥於內容比對，反而應該多加利用個人化廣告這種放送方式。

1 現在個人化廣告這種放送方式已經比內容比對更受關注。

2 某些網站的個人化廣告收益占全體收益高達將近八成。

3 個人化廣告已經勢不可擋。

Check!

內行人絕招

37 AdSense報表的讀法

AdSense的報表畫面可以讀出各式各樣的訊息，包括AdSense的收益。
報表涵蓋的項目非常廣泛，要逐一解析這些訊息可能會很耗費心神，因此
這一節會選出幾個閱讀報表時的重點來介紹。

Point

- 每天都要確認AdSense的管理畫面。
- 採取新的策略後要看報表做重點檢核。
- 採取新的策略後要追蹤後續的收益變化。

✅ 不需要摸透所有的項目

從AdSense的**報表畫面**可以看到「收益額」、「點擊率」、「active
view」等各式各樣的數據，如果你自行設定篩選條件，還可以追蹤更細節的
數據。

不過就算只會粗讀報表也無妨，首先你要養成習慣，認真確認你想知道
的數據。

● AdSense報表畫面

✅ 必讀報表的三個時機

發布商至少要在以下三個時機讀報表。

1 每天

只要每天針對AdSense的瀏覽量、單次點擊出價、廣告單元別的收益等重點項目進行檢核,在發生什麼變化的時候就可以即時注意到。收益驟減的時候可能是因為點閱數驟減,收益飆高的時候可能是有第三人惡意亂點擊你的廣告。

2 收益產生變化的時候

確認哪一個指標產生了上下變化,並分析這樣的變化是因為點閱數增加,還是因為單次點擊出價上漲。

3 在測試效果時

在採用新策略的時候,也要追蹤這次策略中你預計會變動的指標產生了什麼變化。如果你更改了張貼廣告的位置或廣告尺寸,就記得要去確認收益如何變化。

✅ PDCA要做到C才完整

很多人明明會執行PDCA(plan、do、check、action)的P和D,卻會忽略後面的C,也就是不會進行檢核。在嘗試了新的策略之後如果沒有檢核效益,你就無法理解這項策略的效果到底是什麼,只會看到金額增減這個結果而已。

多累積一些測試下來得到的成果,也就等於學會了提升收益的技巧,這個做法不僅適用於AdSense。不要「做完了新嘗試就撒手不管」,要記得仔細追蹤測試的效果。

---

1 報表基本上可以只看自己想看的項目。

2 至少「每天」、「產生變化的時候」、「測試效果的時候」要確認報表。

3 PDCA至少要做到C,才能建立起一套自己的技巧。

Check!

內行人絕招 38 改善點擊率的方法

想要提升AdSense的收益，就必須留意廣告的點擊率。有什麼方法能夠有效改善點擊率呢？你可以有效利用AdSense報表上的active view數據，把廣告設置在用戶會看到的地方，提升你的點擊率。

Point

● 想要改善點擊率，首先要提升active view。
● 了解什麼位置的active view比較高。
● 把他人的實例應用在自己的網站上。

✅ active view的分析

重設廣告單元的位置是有效改善點擊率的方法之一。廣告單元的位置是帶給點擊率劇烈影響的因素，因此把廣告單元設置在更合適的地方就能改善點擊率。

在重設廣告位置前要先進行分析。2014年起，在AdSense中便能看到**active view**這個指標。

● 確認active view的畫面

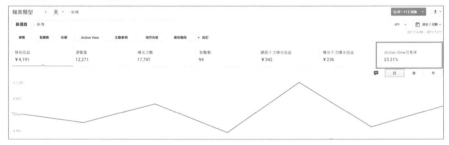

active view這個數據代表的是**用戶看著這個廣告超過一秒，而且廣告顯示的面積超過一半**。如果用戶沒有看到廣告，自然也就不會去點擊廣告，因此**提升active view率也有助提升廣告的點擊率**。

✅ 對比測試（A/B testing）

在重設廣告位置改善點擊率的時候可以活用active view數據，也就是**比較active view數據的前後變化並當作判斷標準**。發布商可以先確認目前設置廣告的方式能得到多少active view，接著再把廣告設在應該會有更多active view的位置，比較兩者的active view差異。

基本上在 `內行人絕招31` 和 `內行人絕招34` 中已經說明了廣告單元建議設置的位置，不過不同網站版面的最佳位置可能各有不同，你的網站也一定有一個最佳位置，建議透過active view進行對比測試找出最佳位置，並加以改善。

✅ 實例分享

● 電腦網站的實例「togech」

togech是個電腦網站，他們本來在網站的頁首設了一個728×90的廣告單元，後來他們把廣告改設到標題下方，結果情況得到改善，active view增加23%，點擊率增加了80%。

active view和點擊率是息息相關的，而且用戶根本不可能去點擊沒看到的廣告，所以要把廣告單元盡可能設置在用戶可以看到的位置。

active view增加23%
點擊率增加80%

● **手機網站的實例「Beauty-Box」**

　　Beauty-Box是介紹髮型的網站，以前他們用三欄二十列的版面排出所有髮型，廣告單元則是設在髮型圖例的下方。

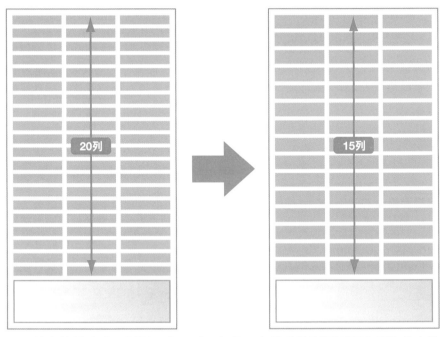

　　後來他們改成一頁顯示十五列，如此一來用戶看到圖列下方廣告的次數就增加了，於是情況也得到了改善，active view增加20%，點擊率增加7%。

　　如果你是要透過改變廣告單元的位置來改善點擊率的話，**要一邊確認active view的變化一邊調整位置，並且追蹤改變後的數據，這是個非常有效的方法**。

1 廣告點擊率可以透過重設廣告位置得到改善。

2 有效利用active view，反覆進行對比測試。

3 改善active view也有助於點擊率的改善。

Check!

內行人絕招

39 成功者如何看待單次點擊出價

單次點擊出價是想要提升AdSense收益的人都會在意的數據之一。我明白各位會在意，但是千萬不能鑽牛角尖。我在Google任職AdSense時曾經手過一些案例，之後將分享AdSense上的成功者如何看待單次點擊出價，也請各位先確實做好自己能做的事。

Point

● 能夠操之在己的部分少之又少。

● 竭盡全力做好能夠操之在己的部分。

● 為廣告商設想才會有長遠的益處。

✅ 難以控制，所以不必耿耿於懷

AdSense的收益是以「AdSense的曝光數」、「點擊率」、「單次點擊出價」相乘計算而得出，想要提升收益的人，也許會很在意「單次點擊出價」這一個影響收益的因素。

這是所有發布商都希望盡可能提高的一個指標，但是影響單次點擊出價的最大因素是廣告商的委登情況，因此**發布商對此幾乎是無能為力**。與其拘泥單價多少，不如針對自己可以改善的點擊率與瀏覽量，竭盡全力設法改善。

● **發布商能做的事**

· 把廣告設在更容易被看到的地方

· 設置點擊率高或單價高的廣告單元

　⇒ 可以稍微提升收益

· 經營好的網站，讓廣告商想委登廣告

　⇒ 這種行動就長遠來看會產生莫大的收益

● **Google會做的事**

· 招募在AdSense放送廣告的廣告商

　⇒ 這種行動就長遠來看會產生莫大的收益

✅ 為廣告商設想

在AdSense獲得收益的發布商，不能忘了要為廣告商設想。發布商都非常明白Google支付的廣告費收益是來自廣告商，因此也都要特別留意不能做一些廣告商不樂見的事。

以在網站中嵌入AdSense廣告來舉例，**發布商要避免把廣告設在容易產生誤擊的位置，也要避免在違規的文章中設置廣告**。

廣告商委登廣告時使用的AdWords具有篩選的功能，有了這個功能就能排除特定的網域，不在某些網頁放送廣告。廣告商一旦設定排除那些充斥誤擊且成效不彰的網站與違規的網站，你的廣告商就會減少，競價活動也會不再熱絡，結果單次點擊出價自然會下滑。

而且一旦被排除之後，如果沒有什麼意外，廣告商通常不會取消排除。哪怕是為了避免被列入排除名單，發布商也該多站在廣告商的立場思考。

● AdWords管理畫面裡的排除設定畫面

廣告商能輕而易舉排除成效不彰或劣質的網站。

1️⃣ 不要為了單次點擊出價而鑽牛角尖。

2️⃣ 在點擊率和瀏覽量這些自己能力所及的地方盡力改善。

3️⃣ 越是成效顯著的網站，越不該忘了為廣告商設想。

Check!

Chapter - 3

打開AdSense的黑盒子，
讓收益蒸蒸日上

AdSense政策是許多人在AdSense世界中一知半解的
東西之一，但是無論政策有多難懂，從保護廣告商這個
觀點來看，發布商依然有義務要遵守。即便發布商採取
改善策略提高了多少的收益，只要不了解政策，這些收
益都可能會付諸東流。因此發布商務必要理解AdSense
的政策，以長期獲得收益為目標。

40 審查標準與巡檢方式

AdSense政策中有什麼是關於Google的審查標準呢？AdSense檢索器又是如何抓取發布商的網站、發現違規相關的情事呢？改善收益的策略如果是攻擊，遵守政策就是防禦了，認識AdSense政策的審查標準以及巡檢方式，利用這些資訊，經營一個不會收到違規警告的優質網站吧。

Point

- AdSense政策是為了保護廣告商而存在。
- Google運用他們的技術開發出的系統來巡檢AdSense網站。
- 與其鑽政策的漏洞，不如採取正面迎擊法。

✅ AdSense政策的審查標準是什麼？

站在廣告商的立場，設想廣告商會不會想在這個網站刊登廣告，這就是Google的審查標準，審查標準也有寫在「AdSense說明」中。

1.內容
- 成人內容
- 其他不宜的內容（暴力、違反著作權、剽竊、空泛的內容等）

2.點擊品質
- 透過廣告位置等方式誘導誤擊
- 發生自我點擊等無效點擊

---

https://support.google.com/adsense/answer/48182?hl=ja

如果你是廣告商，你應該也不會想要在有上述任一問題的網站中放送廣告，所以最好重新確認自己的網站與上述情況是否一致。

✅ Google如何巡檢網站

據說光是在日本國內就有將近十萬個AdSense帳戶，若是放眼全世界，大概會有數十倍之多，而且有些帳戶經營多個網站，以網站數計算應該又是好幾倍。

網站數量如此之多，當然不可能只透過人工檢查網站是否違規，因此Google運用他們的技術開發出了檢查系統，由系統來檢查會更有效率也更準確。

舉例而言，只要在Google網站管理員提交sitemap，或是有其他網站的反向連結，不管是瀏覽量再怎麼少的網站，Google搜尋的爬蟲程式也會找到這個網站並建立索引。AdSense執行政策時也是採取同樣的機制，所以**「自己網站的瀏覽量很少所以應該沒關係」這種觀念是錯誤的**，違規就一定會被抓到。而且Google的系統天天都在進步，現在已經變得更精準，揪得出以前揪不出的違規情事了。

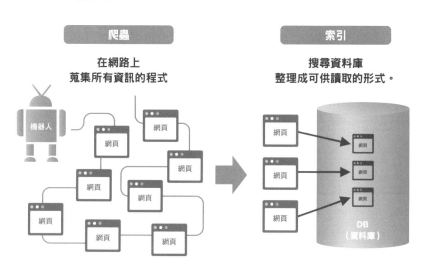

而且各國都會有數名AdSense政策專家每天專門負責執行AdSense的政策，包括改良工具、更新政策執行的程序、擬定新政策，廢除無用的政策等等。

這些工作都是為了要保護廣告商的利益，而且會以收益的形式間接回饋到發布商身上。

✅ 有沒有密技規避政策？

AdSense政策的巡檢系統是透過AdSense檢索器在進行。也因此很多人會以為「只要用robots.txt封鎖AdSense檢索器，那麼在違反AdSense政策的網站上張貼AdSense的廣告也不會被發現了吧」，可惜這是徒勞無功的。

封鎖AdSense檢索器這件事本身就已經違規了，而且**封鎖了檢測器之後**

就沒辦法在你的網站上放送符合網站內容的廣告，結果收益也會下跌，這樣可就本末倒置了。

即便AdSense檢索器被你封鎖，政策負責人員也能一眼就知道你的網站有沒有違規，所以封鎖檢測器是沒有意義的。

✔ 就算有聯絡窗口也必須遵守政策

其實**你最好盡早拋開規避政策這種念頭**，可能有人會覺得，既然自己已經有AdSense的營業窗口，政策上就能網開一面，可實際上並非如此。

本書前面也一再強調，對Google來說，廣告商總是優先於發布商，即便Google窗口設法對你網開一面，也只能規避一時，無法規避一世。

偶爾也會有人找到密技試圖想鑽漏洞，**這些密技也許適用於其他獲利管道，卻不適用於AdSense**。我沒見過任何投機取巧的人長期獲利的，所以請不要浪費時間思考怎麼規避政策，建議各位自始至終都正面迎擊。

---

1 AdSense政策的執行標準端看是否損及了廣告商的利益。

2 Google會運用科技與人力資源巡檢AdSense的網站。

3 沒有任何密技可以規避政策。

Check!

41 人工檢查的時機與時期

內行人絕招40 中提到Google會運用科技和人力資源巡檢網站，所謂的科技指的就是自動巡檢的系統，而運用人力資源審核或者人工檢查，又是以什麼方式進行的呢？

Point

- 為了能更無偏差地執行政策，Google也會採用人工檢查。
- 專門處理AdSense政策的Google員工會負責檢查。
- 他們不會在固定的日期進行檢查。

✅ 為什麼需要人工檢查？

人工檢查是為了**處理系統無法應付的問題**。比如說Google搜尋也會指派專人處理演算法應付不了的問題，**他們的工作就是改進演算法以及處理演算法無法應付的問題**，全世界有幾十名正式員工負責這項工作。

- 確認系統的處理方式是否正確。
- 為系統羅列出來的案件排出先後順序。
- 檢查系統本來就很難檢測出的問題。
- 確認系統檢舉的違規情事。

以上種種如果系統無法做到，就會以人工檢查來補足，讓政策的執行能夠更準確。

✅ 人工檢查如何進行？

AdSense政策的負責人每天都會檢查大量的網站，他們會用沒有對外公開的系統檢查，而不是只用瀏覽器瀏覽網站。透過這樣的方式，就能夠盡速找出網站嵌入廣告標籤的位置、檢查這個網站是否違規。

他們除了會檢查系統上顯示可能違規的網站，**還會優先確認收益多、瀏覽量多的網站**。畢竟從廣告商取得更多收益，就代表對廣告商的責任更重大。同樣地，瀏覽量多的網站就有更多機會被用戶看到，責任自然也就更重大了。

3

打開AdSense的黑盒子，讓收益蒸蒸日上

✔️ 人工檢查的時機與謠言

以現狀來看，AdSense是**月底結帳、隔月20日付款**，舉例來說，三月的收益會計算到3月31日為止，並在4月20日付款。

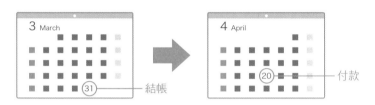

我偶爾會聽到傳言說，Google會在付款前夕進行人工檢查，把發布商的AdSense帳戶停權，這種傳聞在各式各樣的地方都能聽到，但是事實絕非如此。

即便真的在付款前夕進行人工檢查並讓AdSense的帳戶停權，Google也沒有任何好處，因為**Google必須把原本要支付給停權AdSense帳戶的收益全都還給廣告商**。

我推測可能是因為有幾個人的帳戶碰巧在付款前夕被停權，所以這種謠言才會流傳出去，可惜這些人都是自作自受。希望閱讀本書的你在經營網站時，也要小心別讓自己的帳戶被停權。

1️⃣ 系統鞭長莫及的地方會由人工檢查來處理。

2️⃣ 系統抓出可能有問題的地方後會進行人工檢查。

3️⃣ 人工檢查沒有固定的時機。

Check!

逕行關閉帳戶的因素

建立AdSense帳戶並不容易，可惜的是還是不斷有帳戶會被關閉，而且有的帳戶是沒有事前警告就逕行被關閉。請各位仔細讀過這一節，避免自己被逕行關閉帳戶。

Point

● 沒有警告逕行關閉的帳戶代表已被認定沒有改善的可能。

● 不管是再小的網站都必須對廣告商負責。

● 了解什麼是重大的違規，避免被逕行關閉帳戶。

✅ 逕行關閉帳戶是相當嚴厲的處置

違反AdSense政策的時候，通常會在你用來註冊AdSense帳戶ID的那個信箱收到警告信，AdSense的管理畫面中也會出現相同內容的訊息。

警告中的內容包含「**違規內容**」、「**違規的連結**」、「**三個營業日內沒有改善的話會有什麼結果（停止放送廣告的範圍涵蓋的是連結、目錄、次網域或全網域層級）**」。

● AdSense管理畫面的違規警告訊息

發布商收到警告、進行改善，AdSense政策負責人確認改善完畢後，並不會有任何懲處。警告期間一樣會放送廣告，只要解除警告也會繼續放送各種廣告，但是發布商會留下一次警告的紀錄。

　　如果發布商收到警告後並沒有改進到符合Google的標準，Google就會停止放送在警告通知載明範圍內的廣告，AdSense帳戶本身到了這個階段還是可用的，解決問題後也可能重新放送廣告。

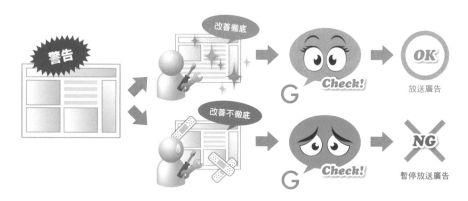

　　只要你依據違規程度進行相對的改善，**Google還是會盡量給發布商許多機會，並不會因一點違規就逕行關閉帳戶。**

　　這樣一想，便可知**逕行關閉AdSense帳戶可以說是相當嚴厲的處置**，這個處置就代表Google認定你對於Google廣告商的價值微乎其微，違規情節沒有改善的空間。舉例來說，網站宗旨本身就違反AdSense政策，或者大部分的頁面都違規，就會逕行關閉帳戶。

如何避免被逕行關閉帳戶？

❶ 要有「我的廣告費是由廣告商支付的」的認知

　　在你的網站上刊登廣告的，都是Google招募來的廣告商廣告。通常使用AdSense的話，只要在網站中嵌入廣告標籤就會自動放送廣告，所以發布商都沒有什麼「招募廣告商」的認知，但是千萬不要忘記招募廣告商需要付出多少勞力，發布商在**面對廣告商和Google時，應該要具備廣告媒體的責任意識**。

❷ 充分理解AdSense政策

AdSense政策的嚴苛程度與其他獲利管道的政策大不相同，千萬不能等閒視之，發布商都該理解AdSense政策是為了什麼而存在、有什麼樣的違規情事。而且「**違規情事＝廣告商不樂見的事**」，因此不能用「沒讀過政策」、「不知情」就打發過去。

❸ 會讓帳戶逕行被關閉的網站上，不要設置AdSense廣告

AdSense帳戶可以連接數個網站，如果你有三個網站，你可能會只因為其中一個網站出問題就導致AdSense帳戶被關閉，**一個網站可能會對整個帳戶產生影響**，所以必須多加留意。

而且還有一點是很理所當然的，就是**嚴禁自我點擊**。廣告商每天委登廣告都經過了嚴密的成本計算，Google不能接受自我點擊這種無益於廣告商績效的行為，因此可能會逕行關閉帳戶。

此外，根據筆者的經驗來看，**大多數逕行關閉帳戶的原因都是出於自我點擊**，畢竟只要發布商對廣告商抱有正確的心態就能避免自我點擊，所以Google會將這種行為判定為惡劣行為，而因自我點擊導致帳戶逕行關閉的情況，基本上都**再也無法使用AdSense**。

下列幾點就是逕行關閉帳戶的主要因素。

● 兒童色情相關
● 自我點擊相關
● 整個網站都違規
● 網站大部分內容都違規

---

❶ 逕行關閉帳戶是相當嚴厲的處置，一般來說都會有很多次改善的機會。

❷ 謹慎小心，避免被逕行關閉帳戶。

❸ 一旦逕行被關閉帳戶後，基本上就再也無法重新啟用。

Check!

關閉帳戶的具體方式
和造成帳戶關閉的網站內容

帳戶被關閉的主因，就是發布商被認定不適合擔任Google廣告商的放送點。具體來說，什麼樣的網站內容會導致帳戶被關閉呢？建議發布商閱讀這一節的具體範例，小心不要重蹈覆轍。

Point

● 不斷違反同個政策可能也會導致帳戶被關閉。

● 廣告商不希望廣告的曝光方式與點擊方式是劣質的。

● 許多帳戶是因含有成人內容或侵犯著作權而被關閉。

關閉帳戶的方式

AdSense的帳戶層級懲處可以分成兩大類：「**逕行關閉**」與「**警告數次後關閉**」。

第一種處置是被Google認定已經沒有改進的空間，因此略過事前警告直接將帳戶關閉。第二種處置是雖然Google認定還有改進空間，但是這個網站不斷違反相同的政策，所以將帳戶關閉。

無論是逕行關閉或多次警告後關閉，關閉的具體方式和造成關閉的網站內容可以分成「**點擊品質類**」與「**文章內容類**」。

什麼是廣告商眼中劣質的曝光方式與點擊方式？

廣告商和Google都相當重視流量的品質。

● 劣質的曝光方式

比如說不顧用戶意願自動載入廣告，或者雖然呼叫了AdSense的廣告標籤但用戶在畫面上卻看不到廣告，這些都是AdSense政策所禁止的。

● 劣質的點擊方式

發布商自己去點擊廣告的「自我點擊」、廣告的位置過於混淆視聽而導致的「誤擊」、幾乎沒有任何外部連結、半強迫用戶點擊廣告的模板網站都屬於這一類。

⓵ 劣質流量的例子

● 沒有點擊卻會被當作已經點擊了

這種指的是用戶跳到某個網頁時會被擅自重新導向，製造用戶點擊廣告的假象，用戶則會被迫跳到無意瀏覽的廣告商頁面。

而且用戶可能會誤以為這是廣告商的強迫推銷，未必會想到其實是出自發布商之手，也就難保不會因此傷害到廣告商的品牌形象，廣告商還必須為了無效的點擊浪費廣告費。

● 在用戶不知情的情況下顯示廣告

透過修改CSS樣式等方法故意不顯示廣告，在AdSense的計算上依然會被當作已經曝光，用戶可以一如往常瀏覽網站，但是對於CPM計費的廣告商來說，廣告實際上沒有曝光，卻被當作已經曝光了，廣告商依然要付費。

● 自我點擊

前面也多次提到，自我點擊是一種因希望提升收益而自行點擊廣告的行為，對廣告商來說，這種CPC計費沒有任何的意義。

● 代點服務

這個指的是鑽AdSense演算法漏洞，以「分散點擊的IP」、「不規則、有間斷地點擊」的這種代點服務，這種點擊對廣告商來說也沒有任何意義。

● 誤導用戶以為廣告是網站的內容

用戶想要閱讀文章的後續或詳細內容，點擊之後才發現點的是AdSense廣告。用戶並不是對商品有興趣才點擊的，所以也不會去購買商品。

2 逕行關閉帳戶的文章內容

● 成人內容

如果在介紹成人影片或漫畫的網站上張貼AdSense廣告，就會逕行被關閉帳戶。對AdSense來說，泳裝女郎、非真人的性描寫插圖、豐胸手術前後的圖片等等也都是違規的。

這些違規情況如果還有改進的空間，發布商可能只會收到警告而已。另一方面，就算不是成人網站，但如果網站清一色都是像寫真偶像雜誌般的內容，也很有可能因為「沒有改進空間」而逕行被關閉帳戶。

> **例** 成人網站、誘導用戶到付費成人網站的聯盟行銷網、AV感想網站、寫真偶像的粉絲網站等等。

● 血腥暴力圖片

恐怖攻擊的現場照片、屍體照片、手術過程等等，在一般人看了會不舒服的內容中張貼AdSense廣告，也可能會被逕行關閉帳戶。

> **例** 鼓吹自殺的討論板、羅列血腥圖片的圖片網站等等。

● 兒童色情內容

在成人取向內容中，儘管只有少部分與兒童色情相關，也會逕行被關閉帳戶。在 **內行人絕招04** 中也說明過，即便實際上不是兒童色情網站，但只要Google判定是兒童色情，就可能會逕行關閉帳戶。這一類的內容也與成人內容相同，就算不是兒童的性描寫，只要有泳裝寫真偶像或插圖也算數，必須特別注意。

> **例** 介紹著衣色情影片的網站、著衣色情影片感想的網站、介紹包含成人內容同人誌的網站。

● 侵犯著作權的內容

Hulu與Netflix等觀賞影片的網路平台也可以進行聯盟行銷,所以開始有相當多聯盟行銷網站會分享連續劇或動畫的心得,並且引導用戶前往這些平台。如果心得中沒有配任何影片或圖片的話就不成問題,不過要是用到了影片或圖片,就最好不要張貼AdSense廣告。

> **例** 嵌入YouTube分享連續劇或動畫心得的網站等等。

● 違法或者嚴重違反善良風俗的內容

買賣麻藥、煽動恐怖攻擊、鼓吹殺人的內容也會逕行被關閉帳戶。

如果想把AdSense當作獲利管道的話,照理說沒有人會架設這樣的網站,不過如果你的網站會顯示其他網站論壇(如5channel等等)就需要特別注意。

> **例** 介紹在哪裡購買麻藥、違法毒品的網站、煽動恐怖攻擊的論壇等等。

● 沒有修改空間的違規

除了上述內容之外,如果整個網站幾乎都是違規的內容(依照政策修改後,整個網站本身就會失去作用等情況),就可能會被認定沒有改進空間而逕行關閉帳戶。

從這個觀點來看,如果是美容或健康網站,而其中只有一部分是性病相關的文章或豐胸按摩法影片的話,就不會被逕行關閉帳戶,只會收到警告。

---

1. 只要不是被逕行關閉帳戶,都還有很多機會可以亡羊補牢。
2. 點擊品質很重要。
3. 特別留意AdSense對於成人內容的判定標準。

Check!

張貼其他聯盟行銷的連結

網站經營的獲利管道除了AdSense之外,還有聯盟行銷。想要獲利更多的人通常就會希望能雙管齊下,既然如此,從AdSense政策來看,在張貼聯盟行銷連結的時候又需要注意什麼地方呢?

Point

● 一個網站可以同時透過AdSense與聯盟行銷獲得收益。

● 注意不要誘導用戶點擊AdSense。

● 其他公司的廣告也會被認定是網站內容的一部分。

✅ 張貼聯盟行銷連結本身是沒問題的

　　AdSense和聯盟行銷雙管齊下是沒有問題的,**同一個頁面中AdSense和聯盟行銷的廣告也可以並存**,不過AdSense和聯盟行銷的特色不同,發布商在兩者並用的時候要注意一些地方。而且在並用的某些情況下,可能會違反AdSense政策,發布商一定要先充分了解。

● AdSense和聯盟行銷的特徵比較

	聯盟行銷	AdSense
列入收益計算的行為	用戶購買商品 (經過聯盟行銷平台認定)	用戶點擊廣告
廣告商的委登方法	主要為CPA計費	主要為CPC計費
積極誘導用戶點擊廣告	可以誘導用戶點擊廣告或聯盟行銷的連結	不能誘導用戶點擊
放送的廣告	可以自行決定	系統自動決定
廣告商在意的事	● 買家的品質 ● 是否為無效購買等等	● 轉換數(想提升) 　點擊數×轉換率 ● 單次行動成本(想減少) 　成本÷轉換數

　　尤其是因為聯盟行銷的性質與AdSense不同,所以導致很多人都會小看點擊品質的問題,請各位務必都要習慣站在廣告商的立場,思考該如何嵌入AdSense。

　　若你想讓AdSense與聯盟行銷並存,就要注意**不要讓收益性低的阻礙到**

收益性高的。有的網站內容所屬的領域會更適合使用聯盟行銷，所以可以利用這一點，更有技巧地提升收益。

✅ 小心誘導點擊

AdSense與聯盟行銷的最大差異，就在於**列入收益計算的行為**，而這個差異衍生出最需要注意的地方就是「**誘導點擊**」。

聯盟行銷採取的是績效制，用戶採取指定行動時才需要付廣告費，但是AdSense是CPC計費的廣告。**廣告被點擊的時候就會列入發布商的收益計算，同時也會列入廣告商的廣告費計算**。從廣告商的立場來說，有人點擊就必須付費，所以當然會希望能盡量避免點擊後沒有任何行動的無謂點擊。

假設一個網站上寫了「請點擊廣告」，造訪網站的用戶卻未必知道這句話指的是哪一個廣告，未必能百分之百理解發布商的意思。

如果你以同樣的方式在網站內並用AdSense和聯盟行銷，可能就會違反AdSense政策。Google並不會因為你的文字背後沒有這樣的意圖而有所通融，所以請務必注意**設置了AdSense的頁面中，就不要使用可能誤導用戶點擊廣告的字句**。

● 可能被視為誘導點擊的範例

而且如果聯盟行銷的連結顯示出了成人相關產品等等違反AdSense政策的內容，Google便會將連結視為網站內容的一部分，你的網站當然就會因為違規而受到懲處。所以如果打算在有AdSense廣告的頁面設置聯盟行銷廣告時，也要注意內容是什麼。

✅ 電商網站和廣告共存並且獲利的案例

經營電商網站的案例中，一般來說比起用戶點擊廣告連結到其他網頁，用戶在自家網站購買商品等行動，能讓業主獲得更多收益。

不過大型目錄購物網站「dinos」的電商網站，就會在頁腳的區域設置AdSense廣告。dinos之所以會開始使用AdSense，目的是**網站獲利的多角化**與**透過用戶離開網站的流量獲利**。

在使用AdSense之前，他們是把聯盟行銷當作獲利管道，不過後來使用AdSense的收益遠遠勝過聯盟行銷。

讓造訪電商網站的用戶購買自家公司的產品確實是最好的結果，但是其實很多用戶都是來找商品的，所以即便他們在站內沒找到中意的商品，只要AdSense廣告顯示出他們中意的商品，他們就很有可能會點擊廣告。

即便是其他公司商品的廣告也無妨，既然用戶都要離開自家的網站，比起他們什麼都沒買就離開，讓他們點擊AdSense再離開至少還能獲得收益。

✅ 評比時要用相同的指標

若是希望AdSense和聯盟行銷能夠並存，要把什麼廣告優先設在容易看到的位置，應該是個讓人特別傷腦筋的問題。既然目標是收益的最大化，**就應該要以同樣的指標評價、評比兩者的收益性**。

如果是要評價AdSense，就可以善用單次點擊出價和點擊率這些數據，但是聯盟行銷並不是以點擊計算收益，所以評價用的主要指標應該是「從點擊轉換成行動的比例」，**也就是從結果來計算點擊數轉換成了多少收益的**

「轉換率」。

● 轉換率的計算法

$$\frac{購買數}{廣告點擊數} \times 100$$

　　但是這樣一來，AdSense和聯盟行銷的評比指標依然不同，無法兩相比較，因此還是要改用相同的指標來比較。

1 千次曝光收益

　　有一個指標很適合兩相比較，就是**RPM（廣告曝光千次的收益）**。

● 千次曝光收益的計算方式

$$\frac{預估收益}{網頁瀏覽量} \times 1,000$$

　　AdSense廣告可以從管理畫面的報表查看千次曝光收益，聯盟行銷廣告也能從管理畫面看到連結的曝光次數和收益，因此可以自行計算出千次曝光收益。

2 比較單次點擊出價

　　另外還有一個比較的指標，就是單次點擊出價。

● 單次點擊出價的計算方法

$$收益 \div 點擊數$$

　　AdSense可以從管理畫面的報表查看，聯盟行銷也可以從連結的點擊數和收益計算出來。

● AdSense管理畫面的報表

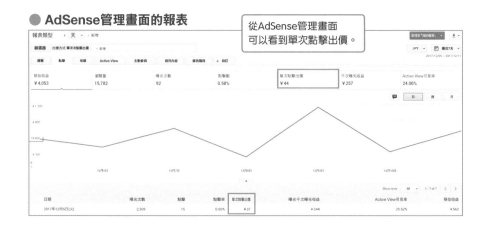

從AdSense管理畫面可以看到單次點擊出價。

● 聯盟行銷平台管理畫面的報表

聯盟行銷平台的管理畫面也可以計算出聯盟行銷單次點擊的金額。

點擊數	點擊報酬	點擊率	購買數	購買報酬	轉換率
1,599	¥0	100%	76	¥240,938	4.75%
3,285	¥0	100%	340	¥1,093,512	10.35%
177	¥0	100%	22	¥71,045	12.43%
5,061	¥0	100%	438	¥1,405,495	8.65%

　　統一指標並了解兩種廣告的收益性之後，你就可以把單次點擊出價、收益性較高的廣告放在網頁更上方的位置。基本上廣告的位置越上方，被看到的次數和點擊數都會越多。

　　如果評比結果是聯盟行銷的收益性更高，就把聯盟行銷連結貼在文章較上方的位置，或者聯盟行銷與AdSense也可以擇一使用就好，這種取捨決斷，有時候也能讓收益達到最大化。

有的聯盟行銷可以事先知道單次點擊出價

透過聯盟行銷平台進行聯盟行銷的話，有時候可以事先知道商品或服務的單次點擊出價。

聯盟行銷把「購買報酬÷點擊數」計算出的單次點擊出價，稱為「**EPC（earning per click）**」。

● 聯盟行銷平台的管理畫面

如果你可以從聯盟行銷平台的管理畫面看到EPC，或者可以從平台窗口直接問到EPC，在你一開始構思網站內容時，就可以決定透過聯盟行銷平台進行聯盟行銷，還是透過AdSense來獲利。

如果兩種廣告的價格差不多的話，當然也可以雙管齊下。

3

打開AdSense的黑盒子，
讓收益蒸蒸日上

> **Check!**
> 1 最理想的情況是AdSense和聯盟行銷並存，提升收益。
> 2 AdSense的誘導點擊屬於違規，所以必須避免會讓用戶誤會的字句，即便這些字句只是用來誘導用戶點擊聯盟行銷的廣告也不行。
> 3 評比收益性時要使用相同的指標。

45 賭博類網站的AdSense

介紹賭博相關的網站好像屬於灰色地帶，因此會令人猶豫到底能不能使用AdSense。不過其實只要掌握幾個要點，還是可以用AdSense。而且最近AdSense也漸漸開始放送一些相關的廣告了，所以發布商要先充分理解哪些可行、哪些是違規的狀況。

Point

- 違法的賭博網頁內容不得使用AdSense。
- AdSense也可能會放送賭博領域廣告商的廣告。
- 初始的放送設定上是封鎖賭博廣告的。

✓ 公營賭博可以使用AdSense

賭博類內容是個令人煩惱到底能不能使用AdSense的一個領域，雖說都是賭博，但是其實賭博也分很多種，能否使用AdSense，則是依國家不同而各有不同規定。

簡單來說，只要**這種賭博在該國是合法的，就不成問題**。

● 日本的標準

> **可用AdSense的賭博**
> ● 賽馬、競輪、競艇（公營賭博）
> ● 小鋼珠、吃角子老虎機類
>
> **不可用AdSense的賭博**
> ● 賭場（包括線上賭場）

不過如果該國的賭場可以合法經營，文章內有AdSense也不成問題。

✓ AdWords在幾年前起也開始放寬限制

以前在賭博主題的網站上設置AdSense，也不會顯示出賭博類廣告。賭博類廣告商就算在AdWords委登廣告，能夠選擇的放送點也只有搜尋網絡（Google搜尋和入口網站等的搜尋結果），而並不會在多媒體廣告聯播網（GDN，嵌入AdSense的網站）上放送。

不過從2011年左右起，公營賭博的廣告商也開始可以在多媒體廣告聯播網上委登廣告了，雖然目前數量還很有限，但也比以前多了一些。

有一個必須注意的地方，**就是AdSense的初始設定中，賭博類廣告被設定為不顯示**，如果想要顯示這個領域的廣告，就必須手動更改為同意放送。

● 如何設定顯示賭博類廣告

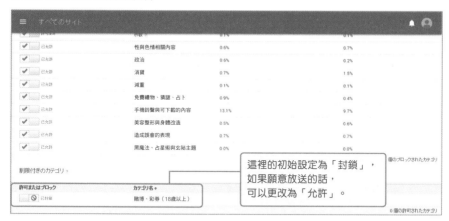

這裡的初始設定為「封鎖」，
如果願意放送的話，
可以更改為「允許」。

✅同時使用AdSense和其他廣告網絡時要留意

內行人絕招44 中也說明過，AdSense與聯盟行銷連結或其他廣告網絡並用時，要特別注意。

AdSense之外的廣告網絡，很可能會顯示出在AdSense政策中列為成人內容的廣告。尤其因為賭博類網站的目標受眾大多為男性，所以常常會放送成人相關的廣告。

成人廣告本身當然並不違法，只是根據AdSense政策規定，其他廣告網絡的廣告也會被視為網站內容的一部分，因此需要特別留意。

✅AdSense政策會因法律而修改

儘管現在小鋼珠和吃角子老虎機在日本也算是灰色地帶，不過至少目前還是合法的賭博，只是往後也許會因修法而變成違法。

如果你經營的是小鋼珠或吃角子老虎機相關的網站，在修法的時候，也要記得確認AdSense政策有沒有改變。

賭博類的收益率可能很高

　　我曾經為使用AdSense作為獲利管道的聯盟行銷商進行諮詢，對方的網站剛好是小鋼珠相關的賭博網站，諮詢內容是：「我使用AdSense作為獲利管道，但是小鋼珠的網站不會有問題嗎？」我在這一節已經說明過，小鋼珠類是可行的。不過當時在看到這個網站的收益性時，我還是大吃了一驚。

　　瀏覽量雖然僅十萬左右，但光是AdSense的收益就有將近四十萬日元。雖然各個領域情況不同，不過普通的網站若瀏覽量只有十萬，那麼照理來說AdSense收益應該是三萬到十萬日元。

　　賭博類網站的收益性之所以驚人，可能與賭博生意的顧客單價相當高有關，再加上賭博很容易上癮，「廣告」通常都非常吸引人，點擊率往往就會很高。

　　如果你對小鋼珠、賽馬、足球運彩、彩券等領域有興趣，也許可以試著挑戰看看以這個領域當作你的獲利手段。

---

1 各國公認合法的賭博類內容就可以使用AdSense。

2 如果在其他國家合法，在日本卻違法，依然不能用AdSense。

3 於AdSense放送的賭博類廣告雖然很少，不過也逐漸在增加。

Check!

保留性描寫
但不會被關閉帳戶的策略

成人內容是違反AdSense政策最多的案例。先別說明顯屬於成人方面的內容，即便是醫療類等正經的內容，也有可能被AdSense認定是成人內容而加以懲處。發布商應該理解具體來說什麼內容會違反成人相關的規定，並盡量避免違規。

Point

- Google定義的「成人」範圍很廣。
- 網站內有成人內容這件事並不成問題。
- 參考附錄的關鍵字清單，不要違反政策。

✅ 即使是醫療領域也會被判定為成人內容

我前面已經說過，成人內容是違反AdSense政策最多的案例，目前違規受罰的內容有半數以上都是如此。每個人心中對「成人」這個領域都自有一把尺，不過AdSense定義的「成人」範圍相當廣。

● 雖然是醫療行為，依然會被認定為成人內容的例子

- 豐胸
- 包莖治療
- 不孕治療
- 勃起功能障礙
- 性病（梅毒、淋病、披衣菌感染、生殖器念珠菌感染、生殖器疱疹等）

就算是內容正經八百的醫療類資訊搜尋網站，只要站中刊登的心得分享是進行豐胸手術等上述醫療行為的醫院，就不能設置AdSense。

可能有人會對這種判斷標準有意見，不過在「AdSense世界」裡，訂定標準的就是Google，既然Google訂出這樣的標準，發布商就只能遵從。

3

打開AdSense的黑盒子，
讓收益蒸蒸日上

篩選關鍵字

因此發布商都要有這樣的認知，需明白醫療行為也會被歸為成人內容而受罰，並且小心避開。

不過現在有一個問題，**Google並沒有公開說明哪些具體的內容或關鍵字會被歸類為成人內容**。

因此本書提供了附錄，這是各位可以下載的關鍵字清單檔案，收錄的都是過去被Google認定為成人內容的實際案例（參考第2頁）。發布商可以拿清單上的關鍵字進行篩選，小心避免違規。

這個清單充其量只是筆者統整的結果，並非Google官方提供的資料，也不能保證只要遵守這個清單就百分之百不會違規。

清單中統整出的，是可能被歸類為成人內容的醫療類關鍵字，以及實際上真的違規受罰的詞彙。

刊登其他廣告

Google只是禁止在不符AdSense政策的內容中張貼AdSense廣告而已，並不是否定這個內容本身。

違規內容只占網站一部分的話其實並不成問題，只要這些頁面中不要張貼AdSense即可，在這些頁面中可以刊登AdSense之外的其他廣告。

不過如果網站中大部分的頁面都違規，而你只是在少數沒有違規的頁面中張貼AdSense廣告的話，依然有可能會被視作違規（被認為整個網站都違規）。

---

1. 醫療類等正經八百的內容也可能被認定為成人內容。
2. 善用關鍵字清單，避免違規。
3. 違反政策的頁面中不要設置AdSense，改設其他廣告。

Check!

統整類網站與AdSense

統整匿名討論板5channel的網站、把其他網站發布的資訊整理成自己網站內容的「策展網站」都能獲得很多瀏覽量，AdSense有這種網站被視為違規的前例嗎？這一節會連同Google最重視的「原創性」價值觀一起來討論。

Point

- 發布商無法以剽竊的內容在AdSense獲利。
- 至少要有七至八成的內容是原創的。
- 內容品質低的網站，流量品質也很低。

✅ 剽竊的內容會被認為沒有原創性

可能有人會疑惑：5channel統整網站或策展網站等都是轉載其他網站的內容，這樣算是違反政策嗎？判斷違規與否可能相當困難，不過問題不單純只是「統整網站、策展網站＝違反AdSense政策」，判斷這些網站是不是違規的主要標準，是看**內容是否為剽竊**。

只要引用其他網站的內容超出一定範圍，就會被視為剽竊而違規，但其實並沒有明確的標準規定「整體內容中若有幾成以上是引用的內容就屬於剽竊」。以常識來判斷，如果網站超過半數都是其他網站的內容，應該就不能說是原創了吧？

在判斷討論板的統整網站或策展網站是否違規時，關鍵也在於**這個網站有沒有原創的內容**，最理想的情況當然是有七、八成的內容都是原創的。

✅ 造訪剽竊網頁的用戶品質很差

為什麼會有關於剽竊的政策呢？因為Google這個企業相當重視原創性。

1 內容品質低的網站

一般來說沒有原創性的網站，裡面的文章品質也通常會比較低。劣質內容不太可能對於造訪網站的用戶派上什麼用場，在AdSense委登廣告的廣告商當然不想大費周章在這種網站上登自己的廣告。

2 流量品質低的網站

統整討論板的網站特別常出現一種情況，就是網站流量大多不是來自搜尋引擎，而是來自統整網站之間互貼的連結，就像是以互連的方式織成一張網，讓用戶在網中繞來繞去。還有一些網站會採用「原以為是文章內容，點擊之下卻跳到了其他網頁」這種誑騙用戶點擊的設計，因此流量品質低的傾向又更為顯著。

● 統整網站的例子

相信從內容與流量的品質來考量，各位也都知道原創性這一點究竟有多重要。

關於隱字

AdSense政策涵蓋的範圍廣泛，且又相當嚴苛。有些人會為了避免違規而把特定詞彙進行隱字處理。那麼這種做法真的有效嗎？在此之前，先來了解Google是用什麼方法來檢查網站的內容吧。

Point

- 隱藏特定關鍵字這種雕蟲小技對Google並不管用。
- Google能判讀的對象不只有文字，還有圖片。
- Google可以從前後文脈判讀文章內容。

✅ 隱字沒有意義

AdSense政策涵蓋的範圍廣泛且又相當嚴苛，成人內容的規定又是其中特別嚴苛的，在世上各種廣告網絡中，AdSense應該堪稱是政策執行最為嚴厲的。

有極少數的發布商為了避免違規而採用「SOX」這樣的寫法，**隱去特定關鍵字的一部分，但是講白一點其實這樣做沒有什麼意義**。Google的檢查對象並不單純只是一個個關鍵字，除了關鍵字本身，還會根據前後文一起進行判斷，因此就算做了隱字處理，只要文脈本身與成人內容有關，就會被視為違規而受罰。

● 隱字處理……

根據前後文檢查有沒有可能違規的單字。

● 只有圖片的成人內容……

無法從文字判定是否為成人內容，但是用了成人圖片就會立刻檢查。

● 沒有成人相關的單字……

就算一篇腥羶色的文章沒有用到成人相關字句，還是可以從文脈判斷是否為成人內容。

✅ 無處可逃

　　Google的政策團隊會用一些工具找出違規情事，有的工具會對特定的圖片和關鍵字產生反應。使用這些工具就能從張貼AdSense網站抓取內容，檢測是否有符合特定關鍵字或圖片的內容。

　　也許有人會覺得只要隱去重點文字就可以逃過檢查，可事情並沒有這麼簡單。舉個例子，在成人或其他違規內容中使用隱語或換句話說，一樣會被揪出來（爐→蘿莉塔、無臭→無碼）。

　　我前面已經說過，違規內容就算做了隱字處理也一樣無所遁形，發布商在使用AdSense前，一定要充分理解這一點。

1️⃣ 在Google面前，隱字沒有任何意義。

2️⃣ 從圖片也可以判斷是否為成人內容。

3️⃣ 即便沒有使用成人相關用語，照樣能判讀是否為成人內容。

Check!

162

49 感想網站引用有著作權的影片風險很高

近來有很多YouTube等可以在網路上免費觀看影片的平台,在網頁內容中穿插這些影片會不會有問題呢?著作權相關的問題不只Google在關注,其他網絡與警察都相當重視,發布商應該要有充分的理解。

Point

- ● 沒經過著作權人同意的素材就不要轉載。
- ● 侵犯著作權的取締一年比一年嚴格。
- ● 特別留意YouTube。

✅ 只要沒經過同意就不能使用

在 內行人絕招43 中提到了侵犯著作權的內容,在違反AdSense政策的案例中,數量僅次於成人違規的就是這一種。

不僅限於AdSense,**基本上任何著作物只要沒有著作權人的同意,就不能轉載到自己的網站上**,這是理所當然的。

有些部落格會在文章中穿插漫畫的螢幕截圖,如果沒有取得著作權人的同意,這種當然也算是侵犯著作權。要是作者本人對此表示抗議,這個部落格就會完全沒戲唱。

Google經營的線上影片平台YouTube也有許多疑似侵犯著作權的影片,但也不代表**只要是上傳到YouTube的影片,都可以任意轉載到自己的網站中**。

YouTube在取締侵犯著作權相關影片的體制上還有很多漏洞,不過這與透過侵犯著作權達到變現(monetize)的目標完全是兩回事。

侵犯著作權的事不僅限於YouTube,轉載上傳到國外伺服器放送的連續劇與動畫,當然也是違規的。

3

打開AdSense的黑盒子,讓收益蒸蒸日上

✅ 轉載侵犯著作權的影片尤其不可取

擅自轉載他人的著作物本來就有問題了，如果你把YouTube上侵犯著作權的影片轉載到自己的網站上，透過分享影片心得來獲利更是錯上加錯。

其實不只有Google會擦亮眼睛、監控這些違規影片，在某些案例中，有些藉由侵犯著作權而賺來的錢，最後甚至流用到反社會團體的口袋裡，因此Google也會與其他廣告網絡或警察合作，監控這類行為。

或許很多人是出於「在文章中轉載知名的影片，點閱數可能會成長」、「比起自己從頭編寫一篇文章，這樣比較能輕鬆獲利」等等各種理由才侵權轉載，但是侵犯著作權這件事受到的管控比我們想像得更嚴格，發布商務必要銘記在心。

● 統整影片網站的例子

50 容易誤犯的違規 劣質點擊篇

AdSense的政策相當繁雜，有些情況是即便發布商覺得十拿九穩，卻還是會不小心違規。這一節會介紹幾個發布商容易誤犯、讓點擊品質下滑的違規情況，希望能讓各位盡量避開這些小錯誤。

Point

- 賺小錢的網站內容不能用AdSense。
- 小標籤只能用規定好的字句。
- 不要用操作聯盟行銷的方式操作AdSense。

賺小錢、賺點數的網站內容

從根本來說，最不該刊登廣告的網站就是那種**專讓人賺小錢、賺點數的網站**，在這種網站上，用戶只要設定願意收到郵件就可以累積點數。

為什麼這種網站會違規？因為**賺小錢或賺點數網站上的點擊品質都相當差**。其中還有些網站把點擊廣告設定為累積點數的方法，造訪這種網站的人基本上都是為了點數而來，總是會點擊各種毫無關係的廣告，若是AdSense廣告也在同樣的情況下被點擊，廣告商就得支付一筆沒有意義的廣告費。

● 點數網站的例子

✅ 誘發誤擊的錯誤小標籤

除了網站與文章內容之外，還有一種相當常見的違規：**錯誤的廣告小標籤**，小標籤指的是標注在廣告上方的文字。

舉例來說，假設現在於「推薦的連結」這句話下方設置AdSense廣告，此時AdSense就會穿插在文章裡，如果用戶又以為這是很推薦的連結，便會誤以為廣告是文章的一部分而去點擊。

廣告上如果要加上小標籤，就要使用「贊助商連結」或「廣告」等**讓人明白這是廣告的字眼**，不能寫得讓用戶會誤以為是內容，進而誘導誤擊。

● 錯誤小標籤範例

○ 正確範例

【贊助商連結】

AdSense廣告

✕ 錯誤範例

【好康消息!!】

AdSense廣告

✕ 錯誤範例

【點擊下列連結閱讀詳情】

AdSense廣告

✅ 造成劣質點擊的誘導點擊

內行人絕招44 也已經說明過了，於聯盟行銷網站中很常見的點擊誘導，在AdSense也是違規的。

如果出現「請點擊廣告」、「從下列連結可以購買」這樣的字句，而聯盟行銷連結和AdSense廣告又很接近的時候，用戶會不知道應該要點擊什麼，造訪網站的用戶未必都能百分之百理解發布商的意圖。

先不提只有設置AdSense廣告的文章，假如AdSense和聯盟行銷商的廣告在一篇文章中同時並用，就必須萬分小心不能讓用戶產生誤會。

✅ 具體的「誘導誤擊」實例

請看167頁右邊的例子，這篇文章在介紹「保溼α乳液」這個商品，只要點擊「官方網站請按這裡」這句話就能前進到「保溼α乳液」的官方網站，此時我們可以推測發布商所寫的「商品可以從以下連結購買～！」的「以下連結」，指的是「官方網站請按這裡」。

然而「官方網站請按這裡」的下方嵌入了AdSense廣告，而且放送的廣告也同樣是美容化妝相關的廣告，可想而知，用戶很有可能會誤擊。

如果用這種誘導方式造成用戶誤擊，不但用戶無法前往想購買的商品頁面，廣告商也要浪費一筆廣告費。

我想應該沒有發布商會故意把廣告設在這麼容易混淆的地方，但是聯盟行銷商經營網站時可能會不小心犯下這樣的錯誤，所以聯盟行銷與AdSense雙管齊下的時候要特別謹慎。

● 誘導誤擊的例子

□1 賺小錢的頁面中不要設置AdSense。

□2 小標籤只能用政策所許可的字眼（「贊助商連結」、「廣告」）。

□3 網站中如果設置了AdSense，就不要使用「點擊下列廣告」之類的字眼。

Check!

51 容易誤犯的違規 嵌入廣告篇

在 [內行人絕招50] 之後要繼續介紹幾個嵌入廣告時容易誤犯的違規，新手在套用網頁模板、架設網站時都可能會犯下這些錯誤，因此發布商要特別留意。

Point

● 不能採用會逼迫用戶點擊的網站結構。

● 其他公司的廣告可能會導致用戶誤擊AdSense廣告。

● 採用響應式網頁的設計時，也要遵照Google許可的方式進行。

✅ 在第一畫面嵌入300×250的廣告

打開智慧型手機網頁，如果第一畫面中顯示出300×250（或者更大）的廣告也可能會被視為違規。

不過2017年五月Google的Inside AdSense（英文版）已經宣布「在智慧型手機的第一畫面嵌入300×250的廣告也不算違規」。這條政策會改變，可能就是因為智慧型手機的尺寸一年比一年大，就算在第一畫面嵌入300×250的廣告，廣告也不再會占據整個畫面太多面積。

在第一畫面嵌入300×250的廣告是過去沒有人嘗試過的收益改善策略，如果你是個積極的發布商，考量廣告位置時都以收益為第一優先，那麼也許可以嘗試這個做法。

如果你是個謹慎小心的發布商，目前比較理想的做法還是在第一畫面嵌入320×100的廣告。

● 廣告充斥於第一畫面

乾燥肌與肌膚保養

AdSense廣告

今天要介紹的是
乾燥肌與肌膚保養。

✅ 套用網頁模板的網站

架設網站套用網頁模板也很容易會違規，因為**網頁模板的設計，可能會逼迫用戶點擊廣告**。

有很多適用於聯盟行銷的網頁模板會不斷逼迫用戶點擊，最後除了廣告之外用戶別無可點。具體來說，指的就是**沒有廣告之外的外部連結，只有內部連結**的網站結構。

套用這種網頁模板的時候，廣告的點擊率都會相當異常。就算這樣的設計是為了提升點擊率，只要太過不自然的話，還是有可能被判定為違規。

✅ AdSense與重疊廣告並用時要特別留意

最近越來越多廣告網絡會提供發布商使用瀏覽網站時固定在頁腳的**重疊廣告**，這是手機網站用的廣告形式，AdSense也有提供手機用的重疊廣告。

如果這個廣告和AdSense提供的一樣固定在頁腳（畫面下方）的話就沒有問題，但是如果你在文章中設置了由上往下跳出的**動態廣告，又在這篇文章設置AdSense的話就算是違規**。因為用戶想點擊動態廣告的時候，有可能會誤擊AdSense廣告。

在沒有AdSense的文章中設置其他公司的重疊廣告當然不成問題，不過各位要記得，**動態重疊廣告與AdSense是不能同時存在的**。

● 重疊廣告

只要固定在頁腳就不成問題。

✅ 考量游標懸停顯示的選單與廣告的位置

在部落格中特別常會看到一種設計，就是游標要懸停在網站上方的選單才會顯示出子選單，在許多網站中也都會看到這種設計，其實並沒有什麼大問題。

但是如果在選單旁邊設置AdSense，**讓子選單覆蓋到AdSense上方的話就算是違規**，理由和上一個例子相同，因為用戶只是想點擊選單，卻可能會誤擊AdSense廣告。

很多網站都會把選單欄設在靠近第一畫面這種相當顯眼的位置，也就是說這個位置同樣也很適合設置廣告。只是在排版的時候，就要注意不能讓選單干擾到AdSense。

● 選單遮蓋住AdSense的範例

本來想要點擊選單欄⋯⋯　　　　　　　　　　　　　　卻顯示出子選單

✅ 採用響應式網頁的設計要如何修改廣告標籤

現在可以看到許多網站，都因應手機用戶瀏覽的習慣**採用「響應式網頁設計」，讓網站版面能根據瀏覽裝置的畫面寬度彈性調整**。

比如說在文章下方並列兩個300×250的中矩形廣告，在電腦上會以並排的方式呈現，在手機網頁上卻會變成直排的兩個廣告，這樣反而就違規了。

170

● 電腦網頁的排版　　　　　　　　● 手機網頁的排版

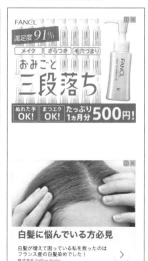

　　有人為了改善這個情況，會修改CSS樣式的AdSense廣告標籤為「display: none;」，在手機網頁上強制消去一個廣告，不過這種做法其實一樣違規。

　　若你設定display屬性強制不顯示廣告，瀏覽網頁的用戶就會看不到廣告，但你只是修改了CSS樣式讓廣告隱形，計算曝光數時，這個廣告依然會被視為已經實際顯示在畫面上，結果採用CPM計費的廣告商就必須為隱形廣告支付廣告費。

　　四到五年前為止，修改嵌入網站的廣告標籤這個行為在AdSense中都還是不合規定的，不過如果是為了**設計成響應式網頁，並且也遵守Google的規定，那麼就可以修改**。

1 不要套用會逼迫用戶點擊廣告的網頁模板。

2 用戶點擊其他公司的廣告的過程可能會讓發布商違規。

3 設計成響應式網頁時要採用Google允許的方法。

Check!

52 防止違反成人政策的關鍵字清單

AdSense政策之中，發布商和Google之間意見最為分歧的，就是成人內容，雖然成人內容沒辦法非黑即白地區分，但是發布商還是可以盡量抓住重點、避免違規。

Point

● 嚴苛的政策是為了廣告商而存在的，只要廣告商有利，發布商也能輾轉獲得收益。
● 不需要撤除網站內所有的成人內容。
● 篩選關鍵字有助發布商採取更精確的對策。

✔ 成人的標準是「是否適合闔家觀賞」

Google用來判斷內容的標準是「是否適合闔家觀賞」，也就是「**這個內容與家人或小孩一起瀏覽會不會有問題**」。

青少年雜誌封面的寫真偶像照片，是使用者無意違規卻仍舊算違規的常見例子，寫真偶像在AdSense政策中也會被判定為成人內容。

✔ 標準嚴格所以廣告商多

有的發布商可能會認為「Google沒有道理干涉網站的內容」，但是希望各位不要誤會了，**Google並非否定你的網站內容本身，他們只是認為在這種內容中張貼AdSense是有問題的**。

有些廣告商也認為「AdSense的規定很嚴苛，所以想要在AdSense委登廣告」，也就是說**AdSense嚴苛的政策，正是AdSense與其他廣告網絡之間最大的差異化因素**。

廣告商因為自己的廣告顯示在違規的內容中結果就不再委登廣告的話，對廣告商而言也是得不償失，相信各位也明白這種情況對Google，以及從結果來說對發布商而言，同樣也是很慘重的損失。

✅ Google並沒有全盤否定成人內容

截至目前為止，其實廣告商也可以從AdWords委登成人相關的廣告，如果在Google搜尋上搜尋「成人 女優 徵人」，應該也能看到相關的廣告，**成人相關廣告限定可以在Google搜尋聯播網上委登與放送**。不過至少目前還沒開放在AdSense上放送。

從這個例子也可以知道，**Google並沒有全盤否定成人這個領域**，如果網站半數以上都是成人內容可能就另當別論，不過，只要不在成人內容中張貼AdSense，即便同個網站的其他頁面有成人內容也不成問題。

✅ 透過篩選關鍵字避免違規的策略

成人違規確實很難有一個明確的界線，不過**透過篩選關鍵字避免違規**，算是個小有效用的方法。

從本書的附錄可以下載關鍵字清單（參見第2頁），運用這份清單就能有效避免違規，這是我個人從「被判為違規的內容中常常使用的關鍵字」統整出來的。由於這不是Google官方的檔案，因此無法保證能100%避免違規，不過善用這份清單，應該能發揮很大的效果。

此外，附錄的關鍵字都是文字，無法解決成人圖片的問題。而且容易被政策判定為違規的關鍵字往後可能會一直改變，所以想長期使用這份清單的話，就必須時時更新。

以簡單的實例來說明，運用這份清單的方式，就是**在Google中搜尋「site:」**。

- site:「經營的網站網域名稱」、「成人關鍵字」搜尋
  例 site: abc.com 做愛

以上述的關鍵字來搜尋之後，如果你發現符合搜尋結果的頁面中嵌入了AdSense廣告，就要刪除這個頁面上的AdSense，改以其他的廣告網絡當作獲利管道。

✅ 如何篩選關鍵字

使用附錄的關鍵字清單進行篩選有一個有效的方法，**就是像大規模的網站一樣，在資料庫中建立關鍵字清單（篩子），只要文章內出現了對應的關鍵字，就把AdSense廣告替換成其他的廣告**。如果技術上有可能採用這種方式嵌入廣告，應該會是最理想的，發布商也務必在自己經營的網站中使用這個方法。

● 篩選關鍵字替換廣告的範例

有些公司也會提供這樣的服務，相信這會是一個避免違規的有效對策，發布商有需要的話，也可以考慮是否使用。

● 透過篩選關鍵字等方式，提供發布商「避免違反AdSense政策」服務的例子
・http://geniee.co.jp/products/gaurl.php
・https://corp.fluct.jp/service/publisher/google/adsense/

---

1 既然要用AdSense，就要遵守Google規定的成人政策。
2 可以有效利用關鍵字清單，避免違反成人政策。
3 有一些網站和服務可以協助篩選關鍵字。

Check!

174

防止騷擾點擊（AboSense）的方法

用戶惡意點擊，導致發布商AdSense帳戶被關閉的情況稱為AboSense，這種AboSense的實際情況到底如何？發布商必須具備最低限度應有的觀念，才能避免這種情況發生。

Point

- AboSense應該已經有減少的傾向了。
- 即便是騷擾點擊，依然是劣質的點擊。
- 讓自己能迅速掌握異於平常的變化，並盡量多蒐集證據。

AboSense的實際情況

在特定網站上無謂點擊AdSense廣告，讓對方的AdSense帳戶因違規而被關閉，這種惡意的行為一般稱為**AboSense**。這種行為的最大問題，在於進行AboSense的話，可能會讓**Google以外的第三者任意迫使特定網站的AdSense帳戶被關閉**。

假設成為AboSense獵物的網站在廣告商之間相當受歡迎，是個價值很高的網站，而這個網站的帳戶卻因為AboSense被關閉了，不但對廣告商是一大打擊，對Google來說，也是損失了一個收益源。

網站的收益源減少對發布商來說也是一大損失，結果很可能讓這個網站內容惡化。在層層的影響之下，也會對造訪網站的用戶產生負面影響。

Google當然也不樂見這種事情發生，所以他們會採取一些系統的、人工的防治法，避免有心人隨便就能促成AboSense發生。經過系統長年的改進，現在已經可以檢測出一些以前會讓帳戶被關閉的騷擾點擊了。透過這種檢測機制，**AboSense造成帳戶**

AboSense

- 帳戶關閉
- 放送點減少
- 廣告費減少
- 收入減少
- 文章品質↓

關閉的情況應該已大幅減少。

　　只是儘管情況已經得到改善，卻還是有一些無法檢測出的情況。以前有一個APP曾經上過電視節目，後來帳戶就逕行被關閉了。

　　這個APP嵌入了名為「AdMob」的APP版AdSense，在電視介紹過後APP的流量驟增，是來自因為大量的騷擾點擊等無效流量，於是他們的帳戶便遭關閉。剛好他們設置廣告的位置也不盡理想，Google可能也想保護廣告商，最後決定處以關閉帳戶的懲罰。

✅ 事出必有因

　　站在騷擾者的角度來看，他們也是特地在你身上浪費了寶貴的時間和精力，所以用比較奇怪的講法來說就是「事出必有因」。

　　可能的幾個主要理由，包括他們單純討厭發布商，或是因看不慣發布商的獲利方法而產生惡意或嫉妒之心。對Google而言，就算發布商自認做法是正確的，但是從結果來看，這個發布商**就是被用戶討厭了，所以Google會認定你不是適合的夥伴**。

　　最近有的網站會故意引發網路圍剿，藉此賺取流量或瀏覽量。儘管這是賺取瀏覽量的有效方法，可一旦你招致了用戶的反感，就代表這個網站並不適合使用AdSense。

　　如果是發布商引發網路圍剿，最後導致帳戶被關閉的話，就是發布商自作自受，即便不是如此，騷擾行為的導火線大多還是出在發布商身上。騷擾行為當然不可取，但是既然被騷擾了，發布商也要接受被騷擾的事實。

✅ 預防AboSense的方法

　　發布商應該會希望騷擾行為能防則防，但是單就AboSense來說，這個行為往往是起因於「人」的行為，其實很難直接預防，不過這裡還是會介紹幾個有效的預防措施。

1 不招人嫌惡的網站

　　首先是發布商應該要有正確的觀念，**採取不會樹敵的網站經營方式**。就像前面提到的，Google並不認為那些用戶所厭惡、或者樹敵眾多的網站與文章，是適合使用AdSense的廣告夥伴。

　　因此**為用戶著想的經營態度是很重要的**，比如說不要批評他人、不要過度自我表現等等。

另外，**主動監控有無可疑的變化**也很重要。比如說在AdSense報表畫面可以看到點擊率，所以發布商平常就要掌握點擊率有備無患，在點擊率明顯攀升時才能即時發現。這個方法乍看之下沒什麼大不了，但是卻相當有效。

✅ 有的AboSense是針對廣告商而來

順帶一提，AboSense的目標不一定是發布商，有時候可能是廣告商。有時候騷擾者是故意點擊競爭廣告商的廣告，讓他們付出無謂的廣告費，削減競爭對手的廣告費。

廣告商使用的AdWords管理畫面上有一個封鎖IP位址的功能，只要能掌握AboSense的IP並設定封鎖，從這個 IP位址連上網路、瀏覽網頁時，就不會顯示出廣告。

不過AdSense並沒有封鎖IP的功能，既然Google認為維護點擊品質的責任在於發布商，往後AdSense新增這種功能的機會大概也很渺茫。

✅ 找出點擊者IP位址的方法

其實還是有辦法可以找出AdSense點擊的IP位址。

● 直接看伺服器記錄檔（server log）。
● 使用第三方的付費服務，記錄點擊者的IP位址。

如果是有伺服器管理知識或技術的人就不必多說了，不過一般來說發布商應該會考慮第二項。這邊要舉的例子是「**Research Artisan**」這種服務，只要在網站中嵌入他們的標籤，就能記錄點擊AdSense的IP位址。

在鎖定了騷擾者的IP位址之後就要向Google檢舉，Google的說明頁面中有專門用來檢舉這種問題的申請單。

你可能會覺得做這些工作很費事，不過認真處理這樣的問題，才是個願意負責管理網站的發布商應有的態度。

● Research Artisan查看IP位址的畫面

IP位址 遠端主機 網域/網域名		點擊數	占點擊總數的比例	
.ne.jp		9	1.86%	
.jp		5	1.03%	

可以查看點擊者的IP位址。

鮮為人知的政策紅綠燈

最近從網路上也可以看到許多AdSense相關的資訊，不過直接看這些資訊，或者在實際與發布商對話的時候，就會發現世人對AdSense還是有很多誤解，這一節會介紹最常見的例子。

Point

● 仔細閱讀政策，會發現某些地方意外有彈性。

● 有些時候雖然政策上准許，但是卻會降低易用性。

● 有些功能是某些特定的帳戶才能使用。

一個頁面內可以有 超過兩個AdSense帳戶的廣告並存嗎？

這是經常有人提起、也經常有人誤解的其中一個例子，這種情形最常發生在「同個網站內，有數個人一起編寫文章」的狀況。

首先，**「一個頁面內有超過兩個AdSense帳戶的廣告」這件事本身並不違規。**

你可以先想像一下自己是在用免費的部落格，如果你用的是免費方案，網站內照理說，也會有一個預設空間用來放讓部落格公司能獲得收益的AdSense廣告，而你也可以在這個網站或文章內張貼自己AdSense帳戶的廣告，這應該不成問題吧？所以概念就與這個情況是一樣的。

● 一個頁面內嵌入數個廣告的圖例

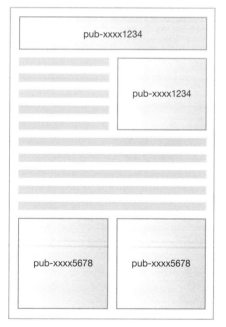

不過有一個地方要特別注意，**雖然可以設置數個AdSense帳戶的廣告，但是並不代表其他AdSense政策就會變寬鬆**，如果廣告的比例比文章還要多就是違規，必須特別留意。

✅ 換了發布商之後，可以更改AdSense帳戶（廣告標籤）嗎？

可能因為現在世人漸漸理解網站、網頁文章這種東西的價值，或者因為世人漸漸明白這些東西可以獲得收益，所以最近網站的買賣行為也不再是新聞了。

如果因為網站買賣而換人經營網站，照理說站內嵌入的廣告標籤也要從舊發布商改成新發布商的，單純替換掉AdSense廣告標籤的行為不會有問題嗎？

其實這種行為也不會違規，舊發布商A將網站讓渡給新發布商B的時候，網站管理員也從A變成B，**只要AdSense帳戶也配合改變，就不會有什麼問題**。

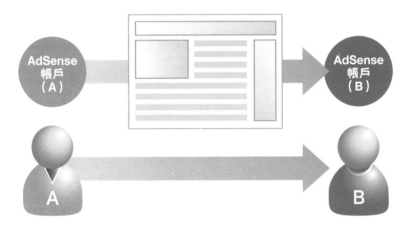

手機網站的一個畫面內
可以同時出現AdSense和其他公司的廣告嗎？

AdSense政策規定，手機的一個畫面內同時顯示數個AdSense廣告就算是違規，因為畫面內的廣告比例太高時，Google便會判定這是無益於用戶的內容。

如果同時使用AdSense和其他廣告網絡的話，一個畫面內可以設置不同公司的多個廣告嗎？

這一點也有很多人誤解，其實這樣在AdSense政策中是不成問題的。畢竟其他家廣告網絡和聯盟行銷與Google基本上是沒有什麼瓜葛的，因此**即便AdSense和其他廣告的位置太近，或者廣告占畫面的比例較高，也並不會直接被算作違規**。

雖然不算違規，但是在手機上瀏覽網站時，一個畫面中有兩個廣告並列其實有損易用性，所以確實應該要加以避免。

此外還有幾個政策上准許，卻會因此導致AdSense誤擊增加或降低單次點擊出價的情況，所以還是能避則避。

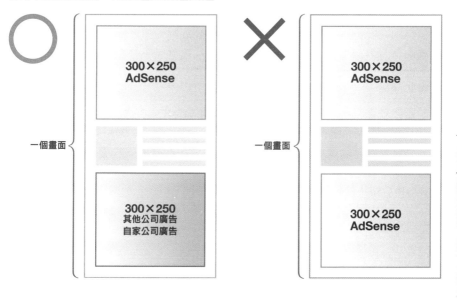

3

✅ 可以開新視窗顯示AdSense廣告嗎？

有實際點擊過AdSense廣告的人應該都知道，一般來說點擊之後會在原先的視窗（或分頁）開啟連結，跳到廣告商的網站。

但是有些罕見的例子，是會以開新視窗（或分頁）的方式開啟廣告商的網站。知道這種情況的人，可能會以為發布商可以對廣告的開啟方式另外動手腳。

依照標準設定，在原分頁跳到廣告商的頁面。
（不進行特別的客製化）

某些特定帳戶可使用特別功能，以開新分頁的方式開啟廣告商的頁面。
（與Google締結特別契約）

不想要在原分頁顯示廣告商的頁面，因此自行客製化。
（違規）

Google會提供一些沒有公開的「特殊功能」給Google認可的帳戶，其中一個功能就是「開新視窗顯示AdSense廣告」。

特別功能的存在以及詳細內容並沒有公開得太多，所以也沒有公開說收益金額與瀏覽量達到什麼標準，就可以使用這些特別功能。不過可以確定的是，這種功能基本上是Google或Google認證的合作夥伴（參考184頁）提案後才能使用。

不過就像我剛剛所說的，**可以使用這個功能的，只有Google認可的特定AdSense帳戶**。還不需要討論到技術上是否可行，其實採用非Google認可的方法，自行獨斷**改變AdSense的啟動方式，或修改廣告標籤這件事本來就是禁止的**。

✅ 將AdSense廣告固定在側欄是違規的嗎？

在上下捲動的電腦網頁中，固定在捲軸旁的側欄廣告名為「**固定型廣告（sticky ads）**」。這個也是Google認可的特定帳戶才能使用的特別功能，一般人在AdSense網站上設置這種廣告就算違規。

● 固定型廣告（sticky ads）

前面介紹的「開新視窗顯示AdSense廣告」和「設置固定型廣告」，都是Google認可的特定帳戶才可以使用的功能，而且也算是比較常見的例子。

我剛剛也說過，這種功能基本上是要由Google或Google認證的合作夥伴提案才能使用。

所以請各位先理解，其實Google也有在提供這樣功能給部分發布商使用，經營網站的時候就要注意不要因誤會政策而違規。

✅ AdSense的認證合作夥伴「特」而不「別」

AdSense有「**認證合作夥伴**」這個制度，Google認證的企業會對發布商提出提升收益的建議，而發布商則支付他們一些諮詢費。

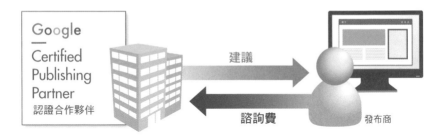

認證合作夥伴可能會提供發布商一些功能，包括讓發布商把AdSense和他們管理的廣告網絡或供應商平台混合使用，藉此放送單價更高的廣告，或者他們也會建議某些網站使用一般未公開的特別功能。

不過認證合作夥伴的提議內容偶爾還是會違規，**政策也不會因為你是遵照認證合作夥伴的提議就特別鬆綁**。

他們的提議通常都是有目的性的，除了賺取AdSense的諮詢費，也可能是為了提升自己經營的廣告網絡收益。因此對於認證合作夥伴的提議也不能囫圇吞棗、全盤接受，有時還是需要自己仔細確認、理性判斷。

Check!

1. 一篇文章內可以有數個AdSense帳戶的廣告並存。
2. 發布商換人的時候可以替換廣告標籤。
3. 在手機網頁上，其他公司的廣告可以和AdSense廣告同時顯示。
4. 禁止以非經Google認可的方式改動廣告標籤。
5. 只有Google認可的帳戶才能使用固定型廣告。
6. 就算是認證合作夥伴的提議，也不能囫圇吞棗全盤接受。

55 Google這個組織

我自己曾任職於Google，所以我想在這一節分享一些Google這個組織不為人知的地方。有些地方可能會讓人覺得不公平，不過有時候發布商也需要接受這些不公平之處。

Point

- Google說到底還是個「企業」。
- 不公平的事所在多有。
- 一開始還是應該把心力投注在自己能力所及的網站內容上。

你是不是以為Google的人就會知道所有Google的事？

Google這個組織是**由不同團隊所組成，每個團隊則是根據不同企劃由上而下劃分出來的**，這裡所說的企劃就是AdSense、AdWords、Gmail、Google搜尋等各項服務。而且基本上，各團隊的負責人只會知道自己所屬組織的事，各個組織之間的交流也並不是很多。

以AdWords團隊和AdSense團隊來舉例，首先團隊的人數本來就有天壤之別。Google的主要收益來自廣告收入，因此擔任廣告商業務的AdWords團隊人數，是AdSense的十倍，預算額也是天差地別。

在Google裡，每個企劃都會設定不同的目標，負責人也朝著各自的目標前進。

辨明真心話與場面話

每次在討論會上，幾乎都可以聽到「所有使用AdSense的人都是我們的重要夥伴」這句話，但是實際上並非如此，請各位明白，場面話並不等於真心話。

規模小的網站就算不登AdSense廣告，對Google的事業也不會有任何影響，我指的還不是收益數千到數萬日元的網站，即使是月入一百萬日元的網站也是如此。

排名前幾百的網站就已經占Google收益的一半了，再講誇張一點，就算沒有倒數的幾千到幾萬個網站，對Google來說一樣不足掛齒。即便發布商靠

AdSense賺到幾十萬，也只有他本人會真的覺得自己很厲害，這種程度的收入對Google而言稱不上有所貢獻。

✅ 不公平的事

在Google之中，管理AdSense的團隊不只有一個，AdSense是由「線上夥伴團隊（OPG）」和「策略事業本部」這兩個團隊管理的（部門名稱可能會改變）。

管理AdSense一般網站的，是**線上夥伴團隊**，他們管理的範圍囊括了AdSense全體的99%。**策略事業本部**則是管理剩下1%（實際上不到0.1%）規模特別大、極少部分的網站。

雖然雙方遵守的政策並無二致，但是每個組織的判斷標準都不太一樣，所以你在比較管理者不同的網站時，仔細一看往往會發現不少互相矛盾的例子。舉例而言，你自己經營的網站因為違反某個政策而收到警告，同樣的違規發生在超大規模的網站上，他們卻能夠脫罪，這類不公平的事相當有可能會發生。

可是即便你為了這件事對Google申訴，也不太可能改變得了現況。其實航空公司和銀行也會根據客戶的等級，給予截然不同的待遇，一般的發布商也許會覺得不公平，不過Google也只是一個營利企業，對Google來說，他們只是依顧客的等級提供不同層次的服務而已。

這種情況和單次點擊出價相同，都是發布商無法控制的因素，所以重點反而是不要太鑽牛角尖，發布商應該把焦點放在能夠操之在己的地方。

1　Google的人未必知道所有Google的事。

2　場面話不等於真心話，不要盡信。

3　如果你覺得不公平的事是你無法控制的，就要接受它。

Check!

Chapter - 4

了解廣告商的想法
並應用在AdSense上

發布商平常可能不會特別把廣告商放在心上，但是發布
商的AdSense收益泉源是廣告商所支付的廣告費，所以
所有發布商都該了解廣告商的動向和想法，藉此掌握提
升收益的訣竅。此外，廣告商使用的一些工具，也可以
應用在網站經營上。

認識廣告商使用的服務AdWords！

56 AdSense和AdWords的關係

想理解AdSense就不能撇開AdWords不談。AdWords是廣告商委登廣告時使用的服務，他們委登的廣告會在AdSense放送。這一節會仔細說明AdSense和AdWords的關係。

Point

● AdWords大致可以分為兩種。

● 委登在多媒體廣告聯播網的廣告費是AdSense的收益來源。

● 對AdSense發布商來說，AdWords是最大的收益源。

✓ AdWords和AdSense是表裡關係

與AdSense相對的服務就是**AdWords**。AdSense是領錢的發布商希望把自己的網站當成獲利管道時使用的服務。另一方面，AdWords是付錢的廣告商希望為自己的網站攬客時而使用的服務。

雖然AdSense和AdWords不是一對一的關係，不過在AdWords委登的廣告會在AdSense上刊登，所以兩者算是一種表裡關係。

● Google AdSense和Google AdWords的關係

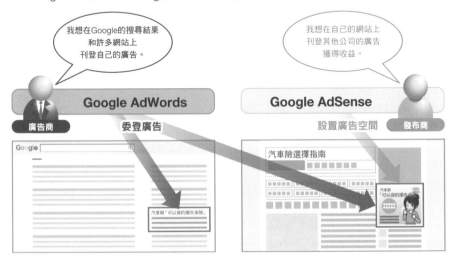

第一種AdWords是**搜尋聯播網**（search network），指的是在搜尋引擎上刊登廣告，而另一種，則是**多媒體廣告聯播網GDN（Google display network）**，指的是在AdSense廣告單元上刊登廣告。

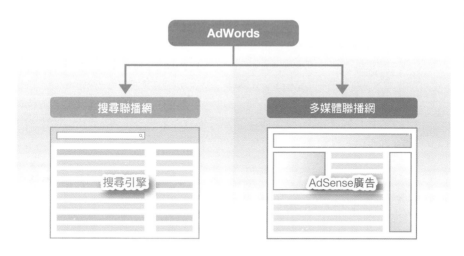

對AdSense來說，AdWords只是眾多網絡的其中之一

如同前述，AdSense和AdWords是表裡關係，不過**並非一對一完美配對的關係**。

AdSense以前只會放送AdWords委登在多媒體聯播網上的廣告，但2009年起制度改變，除了AdWords之外，「MicroAd」、「Criteo」等Google認可的廣告網絡也會在AdSense上放送廣告。

從AdSense管理畫面的成效報表上可以查看不同網絡的收益報表，在「允許/封鎖廣告」這個項目裡面也能看到許多網絡都與AdSense連動。目前是2018年，Google認可的廣告網絡已經超過了三千個。

從這個情況也能知道，**AdWords在AdSense中的定位，只是眾多廣告網絡中的其中一個而已**。

現在的AdSense已經與其他眾多的廣告網絡連動，所以不會只有使用AdWords的廣告商來參與競價，有些競價活動可能是跨了廣告網絡的。對發布商來說，參加競價的廣告商越來越多了，廣告商越多，競價當然也可能更活絡，所以現在這個狀況，可望讓發布商獲得更多的收益。

● 從一對一到多對一的關係變化圖

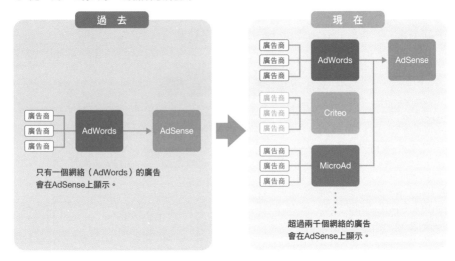

● 允許/封鎖廣告＞所有我的網站＞廣告聯播網

✅ 大部分的收益都是來自AdWords

發布商可以從AdSense的管理畫面確認有哪些廣告網絡與AdSense連動，而且實際一看會發現其實數量非常多，但是**實際上在AdSense中占了大部分收益的還是AdWords**。這種傾向在日本特別顯著，儘管不同網站的情況不同，不過大致上80%的收益都是來自AdWords。

主因就是**AdWords的廣告商數量和其他的廣告網絡相比是非常多的**。單以廣告商的數量來說，AdWords應該是全日本最多。

一個廣告網絡中的廣告商很多，就代表這個廣告網絡內的競價也會很熱絡。也因此，AdWords內競價的結果通常還是會比其他網絡的高價，於是AdSense收益的大部分也還是來自AdWords。

● **大部分的收益來自AdWords**

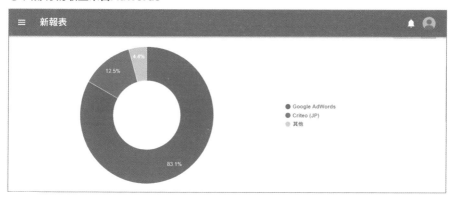

> 1 發布商使用AdSense，廣告商使用AdWords，兩者為表裡關係。
>
> 2 AdWords只不過是與AdSense連動的眾多廣告網絡之一。
>
> 3 但是AdSense的收益大部分還是來自AdWords。

內行人絕招
57 AdWords廣告商追求的發布商

使用AdWords委登廣告絕不是免費的,因此付錢委登廣告的廣告商想必都有他們各自的目的。發布商都要充分了解他們的目的,努力成為一個廣告商心目中的理想發布商。

Point

- 了解廣告商委登廣告的目的。
- 了解廣告商的指標。
- 站在廣告商的角度審視自己的網站。

✓ 理解廣告商的目的

使用AdWords的廣告商都有各自的目的。

1 直接反應

大多數廣告商的目的都是**直接反應**(direct response)。直接反應指的是**以廣告吸引訪客造訪自家公司的網站,並且在該網站上採取特定的行動,如購買商品或申請資料等**。

據說從AdWords委登廣告的情況來看,委登目的超過80%是直接反應。

2 建立品牌

剩下約20%就是為了**建立品牌**而委登廣告。他們並不是希望透過廣告讓人採取什麼行動,而是**想提升網站認知度,或者提升網站上各種服務、商品和品牌的認知度**。

以建立品牌為目的的委登廣告比起直接反應更少,但是Google也在投注心力,希望能擴大這一塊的規模。

✓ 關鍵在於要怎麼以性價比高的方式留住顧客

現在把焦點放在委登目的比例較高的直接反應,可以發現廣告商追求的結果就是**轉換率**。只是在AdWords委登廣告、讓用戶點擊廣告造訪網站是不夠的,只有在用戶採取了**廣告商追求的行動時,才算是達成目的**。

● CPA（單次行動成本）

　　廣告商有一個判斷轉換率高低的指標，稱為**CPA**。CPA是**cost per action**的縮寫，代表的是**單次行動成本**。對廣告商來說，單次行動成本越低越好，每個廣告商都會希望壓低轉換一次需要花費的成本，並且得到最大化的轉換數。

網站	廣告費	點擊數	單次點擊出價	轉換數	轉換率	單次行動成本
網站A	10萬日圓	5,000	20日圓	250	5%	400日圓
網站B	10萬日圓	5,000	20日圓	100	2%	1000日圓

　　假設有廣告商在網站A和網站B分別花了十萬日圓的廣告費，兩者點擊數都是5,000，單次點擊出價就是二十日圓。而從轉換率來看，網站A是5%，網站B只有不到一半的2%，轉換數分別是兩百五十和一百，每次轉換的成本（單次行動成本）分別是四百和一千日圓。

　　廣告商的目標單次行動成本如果壓在五百日圓，在看到這個結果後，就會給予**網站A比以前更多的廣告預算，希望以單次行動成本四百日圓換取更多的轉換數**。相對而言，網站B的**單次行動成本遠大於目標，所以他們可能會減少委登廣告或者大幅調降最高單次點擊出價**。

　　其實單純要增加轉換數的難度並不是那麼高，只要調漲單次點擊出價，廣告在AdSense網站顯示的次數就會變多，點擊數和轉換數也可能會因此增加。但是這樣一來，每次轉換的成本就會提高，有時候從商業的角度來看並不划算。

　　反過來說也成立，調降單次點擊出價就能壓低單次行動成本，不過這樣一來轉換數也會變低，所以這種做法也沒有意義。

　　由此可見，以直接反應為目的的廣告商，應該會希望可以**壓低目標單次行動成本，並得到最大的轉換數**。

✅ 什麼是能讓廣告商達成目的的網站？

既然廣告商的目的是壓低單次行動成本並得到最多的轉換數，就代表最理想的網站，應該是**轉換率和轉換數都高的網站**。

在造訪網頁的一百人之中有一個人轉換，轉換率就是1％，有兩個人轉換，轉換率就是2％，假設現在以相同的成本吸引到了一百人，只要轉換率能從1％提升到2％，單次行動成本就可以減半。

也就是說轉換率越高，廣告商就越喜歡。

● **單次行動成本過高或過低的範例**

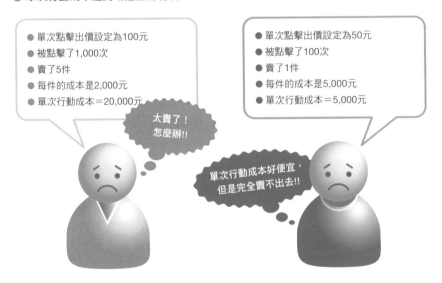

✅ 廣告商樂見的三個情況

1 吸引到一群優質的用戶

廣告商都會希望發布商「多為廣告商設想」，他們重視的是，發布商在自己網站的收益之外，是不是也會為收益泉源的廣告商設想？有沒有想到廣告商的收益又是來自於用戶？

經營網站不能只向錢看齊，發布商首先應該要提供讓造訪網站的用戶能滿意的內容。累積越多好的內容，就會有越多優質的用戶聚集到這個網站。廣告商也會想在有優質用戶聚集的網站委登廣告，所以能讓廣告商滿意。最

後結果就是發布商能夠獲得收益。

我再重申一次，**收益只是結果，而不是目的**。

2 不做一些廣告商可能會排斥的行為

廣告商的目的是轉換數的最大化，同時也達到目標單次行動成本。在這個情況下廣告商最排斥的行為，就**是無謂的廣告點擊**或**無謂的廣告曝光**。只要廣告被點擊廣告商就要付錢，因此廣告商自然希望能盡可能避免無益於轉換的點擊。

誤擊數多的網站，設置廣告的方式通常都有問題，有的廣告太過接近站內連結的位置，有的會故意使用類似網站內容的廣告形式。這種做法可能會讓人覺得「你只想讓用戶點擊，不在乎用戶是怎麼點的」，結果還是向錢看齊。**廣告商追求的不是點擊而是轉換**，因此AdWords的廣告商並不需要這樣的發布商。

由此來看，自我點擊或拜託人點擊廣告就更不可取了。這種行為不只廣告商排斥，Google也不樂見，最終就會關閉這個AdSense帳戶。

3 跟上廣告形式的趨勢

能夠**跟上廣告形式趨勢的網站**也會受到廣告商的喜愛。廣告形式或尺寸會隨著時代改變，七、八年前講到AdSense通常都會聯想到文字廣告，但現在只為了文字廣告來使用AdSense的人，恐怕幾乎都銷聲匿跡了。

之所以會產生這種變化，主要是因為**廣告商漸漸開始委登多媒體廣告**。既然廣告商會順應時代趨勢、開始使用多媒體廣告，發布商自然也應該隨時有所警覺，讓自己的網站能顯示AdSense的多媒體廣告。

熱門的廣告尺寸自然也會隨時代改變，最近廣告商漸漸不再用468×60或200×200這種小尺寸的廣告。雖然有些人會覺得小尺寸的廣告比較好用，不過發布商應該察覺到廣告商的改變，提供廣告商喜歡使用的廣告尺寸。

接納各式各樣的廣告商！

　　我在AdWords擔任業務的時候就想過一件事，我認為，發布商在管理AdSense顯示什麼樣的廣告時，不該只因為自己好惡就**妄自設定URL的篩選**。

　　在AdSense管理畫面指定封鎖特定網域之後，這個廣告商從此就再也沒有機會在你的網站上登廣告。如果這個廣告商與發布商經營的網站屬於競爭關係，那還算是迫於無奈、不得不為，如果不是這種情況的話，發布商應該盡量以開放的心胸接納廣告商，相信這樣也是在助廣告商一臂之力。

---

1 許多廣告商的目的，都是在壓低成本的同時達到轉換數的最大化。

2 廣告商追求的是轉換率和轉換數都很高的網站。

3 發布商要站在廣告商和用戶的角度思考，收益是結果不是目的。

Check!

內行人絕招 58 AdWords廣告商追求的網站與部落格

前一節已經說明了廣告商追求的，是什麼樣的「發布商」，談的是心態方面的問題。這一節要介紹的是廣告商追求的「網站」，他們想看到的，是什麼樣的網站或部落格呢？

Point

- ●廣告商比發布商想像得更注重自家品牌。
- ●瀏覽量多的網站當然會受到廣告商的歡迎。
- ●就算沒有像大型大眾媒體般龐大的瀏覽量，只要用戶群很明確，這樣的網站也會受到歡迎。

✓ AdWords廣告商追求的網站

簡單來說，廣告商追求的就是**維持品牌形象、賣出商品的網站**。既不是「能賣就好」，也不是「只要夠好看，不賣也無妨」。

1 保護廣告商的品牌

AdWords的廣告商中，除了有幾萬間是中小企業，還有會在電視上打廣告這種重量級的「**全國規模大客戶**」，有的廣告商甚至會為廣告預算砸重金，每個月都花幾千萬到幾億日圓在委登廣告。

全國規模大客戶平時也相當注重品牌形象，因此他們會非常排斥自家的廣告出現在腥羶色的圖片旁。

2 不會讓用戶對廣告商有負面印象

AdSense的政策禁止一個頁面中，AdSense廣告的比例遠多於文章內容，而且實際上過多的廣告也會讓用戶感到厭煩。

這個時候，用戶厭煩的對象不會只有發布商，他們會對廣告內容，也就是**對廣告商產生負面印象**，因此有些廣告的設置方式可能會損及廣告商的形象。

3 瀏覽量多

廣告商都希望能盡可能有效率地獲得轉換數。而從獲得轉換數的觀點來看，廣告商會想刊登廣告的地方就是**瀏覽量多的網站**。

現在AdWords所使用的指定法，已經漸漸從內容比對、指定刊登位置這種指定網站放送廣告的方式，轉為個人化廣告這種指定用戶放送的方式了。

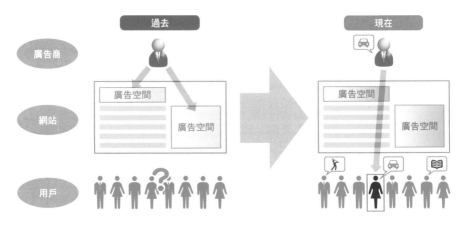

在這樣的情況下，網站的瀏覽量如果很多，**對廣告商商品或服務感興趣的用戶，也更有可能隱藏在這些流量之中，對這些用戶放送到自家廣告的機率就會更高**。

採取個人化廣告等二度行銷所使用的指定法，就可以鎖定曾經造訪過廣告商網頁的用戶，不管用戶以後瀏覽的網站主題與領域，只要網站上有設置AdSense，就會放送指定給這個用戶看的廣告。

瀏覽量多的網站，就代表讓這樣的用戶看到廣告的機會也很多，因此廣告商也很追求瀏覽量有一定水準的網站。

4 專門領域的網站

如果從轉換率來思考，廣告商也會需要專門領域的網站。

通常專門領域的網站流量都不算多，但是想要使用廣告商商品的用戶比例有時候可能會更高一些。也就是說，**比較多人可能會轉換**。這種網站就是由於領域專門，因此吸引更多對這個網站和內容感興趣之用戶的典型例子，也算是AdWords廣告商追求的網站。

　　下圖是煙燻及烤肉等專門介紹戶外活動的網站，販賣戶外用品的廣告商就很有可能會指定這種網站委登廣告。

● **專門領域的部落格**

1 符合政策規定是最大的前提。

2 廣告商會追求瀏覽量多的網站。

3 廣告商也會追求就算瀏覽量少，但是屬於專門領域而且轉換率高的網站。

內行人絕招 59 發布商應該要知道的 AdWords功能

發布商平常在使用的都是AdSense，所以熟悉AdWords的人也許寥寥可數，但是認識AdWords的運作方式，就理解廣告商想法這層意義上來說，也是很重要的事。

Point

- 了解指定法的種類與趨勢。
- 掌握單價設定的差異。
- active view會越來越重要。

指定法的種類

首先，AdWords使用的指定法大致可以分成以下三種。

- 內容比對
- 指定刊登位置
- 個人化廣告

而個人化廣告中又可以分成「**指定用戶興趣**」以及「**指定曾經來訪這個網站的用戶**」這兩種。

現在個人化廣告的比例正在增加

在這裡發布商要把握的重點，是「**指定刊登位置」的收益比例已經漸漸在下滑了**。儘管不太容易舉出整體的數據，但至少就我所知，現在應該只占AdSense發布商收益的不到10%。雖然每個網站的情況不同，不過整體來說，幾年前指定刊登位置的收益是更多的，隨著個人化廣告的出現就逐漸減少了。

三種廣告大致的比例是內容比對占四成、指定刊登位置占一成，剩下的五成都是個人化廣告。

也因此發布商可能會覺得現在好像都在放送與自己網站無關的廣告，或者感覺同樣的廣告一再出現。請各位明白，這是因為廣告商委登的廣告已經漸漸都往個人化廣告靠攏了。而且理由很單純，因為個人化廣告所放送的廣告是符合用戶個人需求的，更容易讓他們購買商品。

順帶一提，這種狀況從收益面來看絕對不是壞事。發布商應有的態度，就是把這種變化當作AdWords歷史發展的一環，無須過度在意。

✅ 單價設定的種類

AdWords的計費方式有「CPC計費」與「CPM計費」兩種可以選擇。

● CPC計費

CPC計費指的是**每次廣告被點擊就要計費**。反過來說，也代表**只要沒點擊就不會計費**。廣告商願意為每次的點擊支付最多多少金額，這就叫「**最高單次點擊出價**」，廣告商會設定這個費用委登廣告。

選用CPC計費的廣告商會很在意點擊的品質。順帶一提，AdSense的成效報表上可以看到不同計費類別的收益比例，而CPC計費的比例就占了將近八成。

● CPM計費

剩下的兩成則是「**CPM計費**」，**不管用戶是否點擊，只要曝光了就要計費**。

選用CPM計費委登廣告的廣告商並不會特別在意點擊的品質，但是他們會很計較曝光的品質，比如說他們會非常討厭廣告被刷新。

而且因為曝光了就要計費，所以他們也很在意廣告的位置，他們喜歡最搶眼、最大尺寸的廣告。

● CPC計費與CPM計費的差異

	CPC計費	CPM計費
計費時機	廣告被點擊時計費	廣告曝光 並成為active view[※]的時候
廣告商期待的成效	購買商品	提升品牌認知度
廣告商期待的東西	優質的用戶點擊	廣告的曝光方式 有助提升品牌形象

※廣告在用戶的眼前停留超過一秒以上、曝光的廣告面積超過一半。

廣告商會根據委登目的選擇不同的計費方式。希望有**直接反應、注重轉換數**的話比較適合CPC計費。不過如果**目的是讓用戶看到廣告、建立品牌**,就會比較適合CPM計費。

✅ CPM計費會取代電視廣告?

我前面也說CPM計費的比例已經越來越高,Google也希望**想要建立品牌、選用CPM計費的廣告商會越來越多**。

Google想增加委登廣告的金額,所以會希望廣告商以往用在電視、新聞的預算可以轉投注到Google。在電視新聞打廣告的目的就是「希望觀眾認識我的商品」、「希望觀眾認識我們的品牌」,都是建立品牌的效果。

電視廣告的成效,如果要看具體的數據,就只有收視率這種概算的結果可以參考,相反地,AdWords廣告的成效,就連多少人看到這個廣告都能知道。從這一面來想,今後企業可能也會從電視廣告逐漸轉向AdWords,在AdWords上刊登更多廣告。

✅ active view的重要性

這種廣告委登情況與AdSense的改善企劃也有關係,最近的一項改善就是這兩年內開始可以查看到**active view**這項新數據。

● **查看active view的畫面**

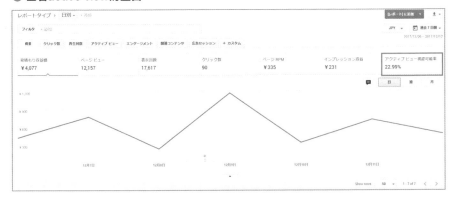

透過active view這項數據，就**可以站在發布商的觀點，來看這個廣告單元有多少的用戶能看見**。不過AdWords廣告商當然也能查看這項數據，所以別人也會知道你的廣告有多少用戶看見。

Google在2013年推出了廣告要在可見狀態（active view）下才計費的「**vCPM（viewable CPM）計費**」。即便多媒體廣告聯播網上顯示了自家的廣告，只要用戶實際上沒有看到，廣告商就不需要付費。

既然現在越來越多人使用CPM計費，想來active view這個指標也會變得比以往更加重要。發布商應該盡量提升active view，把廣告單元設在用戶容易看到的地方，這樣才算是把握住廣告商在你的網站上委登廣告的機會。

---

1 依目前的狀況來看，個人化廣告的收益最多。

2 廣告的委登方式有CPC計費和CPM計費兩種。

3 active view未來會是更重要的指標。

Check!

內行人絕招
60
發布商也可以使用的
AdWords工具集

AdWords一般來說，是委登廣告的廣告商所使用的服務，不過有些工具對發布商而言也相當實用。註冊AdWords是免費的，發布商經營網站的時候也請務必多加利用這些工具。

Point

- 了解廣告商為了哪些關鍵字或領域會出比較高的單價。
- 了解搜尋量的趨勢。
- 了解自己的網站與競爭對手的網站在廣告商眼中是什麼模樣。

✅ Google關鍵字規劃工具

應該有許多主要在從事聯盟行銷的人，也都會使用關鍵字規劃工具。

使用關鍵字規劃工具就能知道指定**關鍵字的每月搜尋量是多少**。此外，單就在搜尋聯播網刊登廣告的情況來說，從這個工具也可以看到提供給參與競價時參考的設定單價。

● AdWords管理畫面的「工具」>關鍵字規劃工具

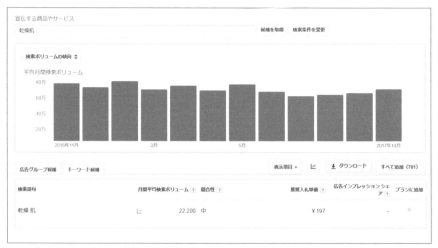

https://adwords.google.co.jp/KeywordPlanner

在搜尋聯播網上委登單價高的廣告，在多媒體廣告聯播網上的委登單價想必也會偏高。只要善用關鍵字規劃工具，就能夠設想到底**在文章內容中操作什麼關鍵字，會更常放送出單次點擊出價更高的廣告**。

✅ Google搜尋趨勢

儘管Google搜尋趨勢不能直接從AdWords的管理畫面連結，但也是個方便好用的工具。

從Google搜尋趨勢可以查看**指定關鍵字的搜尋量趨勢**，如此一來，就能知道搜尋量是越來越多還是越來越少，也可以知道指定關鍵字有沒有季節性增減這種特殊變化。

搜尋量反映的是用戶的需求，即將架設新網站的人當然應該要參考，已經在經營網站的人，也可以自行用來進行流量大概什麼時候會增加等等的評估。

● Google搜尋趨勢

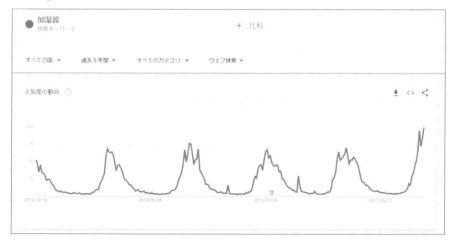

https://trends.google.co.jp/trends/

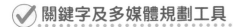
關鍵字及多媒體規劃工具

　　這個工具以前名為「placement tool」，**廣告商以指定刊登位置的方式委登廣告時，只要使用這個工具指定關鍵字，就能搜尋到使用這個關鍵字的AdSense網站**。

　　舉例而言，假設有一個旅行社專門接印度旅遊，這時只要把關鍵字設定為「印度 旅遊」，多媒體廣告規劃工具就會整理出使用這個關鍵字的網站清單，廣告商就能查詢適合刊登廣告的網站。

　　廣告商會透過多媒體廣告規劃工具查詢並評估AdSense網站，發布商也可以藉此了解自己的網站在廣告商透過這個工具查詢後會呈現什麼模樣。

　　而且從多媒體廣告規劃工具也可以查看搜尋出的網站大致的瀏覽量，所以也可以用來當作確認競爭對手網站的工具。

● AdWords管理畫面的「工具」＞關鍵字及多媒體規劃工具

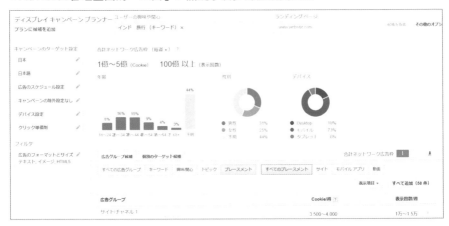

　　對於長年經營網站的人來說，這本書的許多內容可能都是已知訊息了，不過撰寫本書的其中一個目的，是讓各位確認自己的知識或技巧是否正確，而不是要讓各位獲得新知。已經知道這些訊息的你，應該是AdSense中級以上的發布商了，既然如此，就繼續為用戶努力充實網站內容吧。

　　本書從頭到尾一直不斷在強調的，就是你眼中不能只有身為發布商的自己與Google，而要以更宏觀的角度考量所有相關人物。這是個任誰都能輕易釋出消息的時代，在觸目所及都是網站的情況下，如果你的網站內容既不是你的親身經歷、又沒有專業知識的背書、想法也只略勝素人一籌，自然不會受到用戶的支持。

　　一個網站的維持，需要獨特的觀點和經驗。即便是個人或小型企業，也一定有足以勝過大型大眾媒體的內容可以寫，而這些內容對用戶來說，就會是良好或有趣的體驗，也會是有用的資訊。

　　有人會說與聯盟行銷相比，AdSense比較賺不到錢，他們會這樣想，是因為他們把AdSense當作短期且隨便的獲利管道。

　　2017年策展大眾媒體關閉、Google搜尋更新了醫療相關關鍵字的演算法，媒體業界在這一年經歷了巨大的改變。欺瞞用戶、唯利是圖的做法已經漸漸不可行了，反過來想，這世界漸漸在往「老實人得利」方向邁進。雖然這條路並不好走，不過希望各位能把用戶放在第一順位，老老實實提供用戶優質且獨特的網站內容，透過獲得用戶支持，接著以適當的方式嵌入廣告，藉此也得到廣告商的支持，最後就能長期在AdSense賺錢。希望本書在這個過程中能對你有所助益。

　　最後謝謝只見過一次就立刻決定要出版本書的Sotech社福田先生，以及一起撰書的共同作者Smartleck公司的河井先生，你們從我擬定企劃到撰稿期間都鼎力相助，沒有河井先生，這本書也不可能出版。

　　還有MASH公司的染谷介紹了河井先生給我認識，各位發布商和曾任職Google的朋友也提供了我許多資訊，我在此誠摯向各位致謝。

石　田　健　介

MOTO GOOGLE ADSENSE TANTOU GA OSHIERU HONTOUNI KASEGERU GOOGLE ADSENSE
SYUUEKI SYUUKYAKU GA 1.5-BAI UP-SURU PURONOWAZA 60
by Kensuke Ishida, Daishi Kawai
Copyright © 2017 Kensuke Ishida, Daishi Kawai
All rights reserved.
First published in Japan by Sotechsha Co., Ltd., Tokyo

This Traditional Chinese language edition is published by arrangement with Sotechsha Co., Ltd.,
Tokyo in care of Tuttle-Mori Agency, Inc., Tokyo

國家圖書館出版品預行編目資料

Google AdSense專家教你靠廣告點擊率輕鬆賺：
　YouTuber、部落客都適用,60招獲利祕技大公
　開 / 石田健介, 河井大志著；陳幼雯譯. -- 初版.
　-- 臺北市：臺灣東販, 2018.11

　　208面；　14.7x21公分

　ISBN 978-986-475-828-9(平裝)

　1.網路行銷 2.電子商務 3.網路廣告 4.網路社群

496　　　　　　　　　　　107017070

Google AdSense專家
教你靠廣告點擊率輕鬆賺
YouTuber、部落客都適用，60招獲利祕技大公開

2018年11月1日初版第一刷發行
2021年 3 月1日初版第三刷發行

作　　者　石田健介‧河井大志
譯　　者　陳幼雯
編　　輯　魏紫庭
特約美編　鄭佳容
發 行 人　南部裕
發 行 所　台灣東販股份有限公司
　　　　　＜地址＞台北市南京東路4段130號2F - 1
　　　　　＜電話＞(02)2577 - 8878
　　　　　＜傳真＞(02)2577 - 8896
　　　　　＜網址＞http://www.tohan.com.tw
郵撥帳號　1405049 - 4
法律顧問　蕭雄淋律師
總 經 銷　聯合發行股份有限公司
　　　　　＜電話＞(02)2917 - 8022